牢记嘱托守底线 绿水青山看贵州

贵州生态文明建设典型案例

——2020——

贵州省林业局 编

中国林業出版社

·北京·

图书在版编目（C I P）数据

牢记嘱托守底线　绿水青山看贵州：贵州生态文明建设典型案例 2020 / 贵州省林业局编 . -- 北京：中国林业出版社，2020.7
ISBN 978-7-5219-0681-3

Ⅰ．①牢… Ⅱ．①贵… Ⅲ．①生态环境建设－案例－贵州－ 2020 Ⅳ．① X321.273

中国版本图书馆 CIP 数据核字 (2020) 第 123816 号

中国林业出版社·自然保护分社（国家公园分社）
策划编辑：张衍辉
责任编辑：张衍辉 甄美子
版式设计：唐怒娇

出版　中国林业出版社（100009 北京市西城区德内大街刘海胡同 7 号）
　　　http://www.forestry.gov.cn/lycb.html
　　　电话：（010）83143521 83143616
发行　中国林业出版社
印刷　北京博海升彩色印刷有限公司
版次　2020 年 8 月第 1 版
印次　2020 年 8 月第 1 次印刷
印张　18.75
开本　710*1000 1/16
字数　470 千字
定价　168.00 元

序

贵州之“贵”，在于独特的自然生态。

贵州素有“山地公园省”的美誉，瀑布、溶洞、峡谷、湖泊、温泉，比比皆是；山奇、水灵、谷美、石秀、物华，处处成景。大自然的鬼斧神工造就了荔波喀斯特、赤水丹霞、施秉喀斯特、梵净山 4 处世界自然遗产。

贵州之“贵”，在于多彩的民族文化。

中国有 56 个民族，其中贵州有 17 个世居少数民族。千百年来，各族人民依山而居、傍水而栖，和睦相处，创造出“一山不同族，十里不同风，百里不同俗”的民族文化奇观，享有“文化千岛”“民族生态博物馆”的美誉。

贵州之“贵”，在于蓬勃的发展活力。

GDP 增速连续 9 年位居全国前列，延续了高于全国、高于西部增长水平的良好发展态势。国家生态文明试验区、国家大数据综合试验区、内陆开放型经济试验区……绿色产业对全省经济增长的贡献稳步提升。

守好发展和生态两条底线，是习近平总书记对贵州的殷切嘱托。建设国家生态文明试验区，开创百姓富生态美多彩贵州新未来是贵州改革发展的目标。践行习近平生态文明思想，纵深推进“大扶贫、大生态、大数据”战略行动，“守底线、走新路、奔小康”是我们坚定的发展道路。

贵州的“贵”字，拆开来可以解读为“中国的一个宝贝”。

让贵州成为人与自然和谐的宝贝。

着力践行“绿水青山就是金山银山”理念，培育人与自然和谐共生的发展理念，构建人与自然和谐共生的空间格局，探索人与自然和谐共生的生产方式，健全人与自然和谐共生的制度体系，让贵州的生物回归自然，让贵州的生产顺应自然，让贵州的生活融入自然，让贵州永葆绿色发展活力。

让贵州成为绿色发展繁荣的宝贝。

以良好的生态环境为依托，因地制宜发展生态利用型、循环高效型、低碳清洁型、节能环保型绿色产业，让生态要素成为生产要素，让生态优势成为发展优势，让生态财富变成助推脱贫攻坚、乡村振兴经济财富，实现永续利用、可持续发展。

让贵州成为开放共享机遇的宝贝。

建设美丽家园是人类的共同梦想，在修复保护好绿水青山的同时，贵州将全方位扩大对外开放，继续办好生态文明贵阳国际论坛，与各界共同分享绿色发展新模式、共同构建绿色发展新机制，与各界携手探索绿色发展新技术、携手共创绿色富民新产业。

我们将始终坚持新发展理念，走在生态文明新时代前沿，坚定践行习近平生态文明思想，不断增加广大人民群众的生态红利、民生福祉，让贵州的生态生生态，让贵州的自然自自然。

张美钧

2020 年 7 月于贵阳

前言

党的十八大以来，贵州省委、省政府深入贯彻习近平生态文明思想，纵深推进“大生态”战略行动，在守好发展和生态两条底线，决战决胜脱贫攻坚、改善农村人居环境、建设美丽乡村过程中，始终牢记习近平总书记嘱托，坚持人与自然和谐共生，践行绿水青山就是金山银山的理念，笃信良好生态环境是最普惠的民生福祉，秉承山水林田湖草是生命共同体，始终用最严格制度最严密法治保护生态环境，参与共谋全球生态文明建设……习近平生态文明思想在贵州大地落地生根、开花结果，一个个生动成功实践案例，为贵州实现绿色发展、绿色崛起、绿色赶超注入了强大的动力。

2020 年，贵州将彻底撕掉贫困标签，与全国同步全面建成小康社会，国家生态文明试验区（贵州）将迎接国家验收，生态文明贵阳国际论坛将全新呈现，中国第四届绿博会将在贵州都匀举办……这一系列盛事让贵州生态文明建设成为全国乃至全球关注的焦点。为充分展示贵州践行习近平生态文明思想所取得的丰硕成果，展现贵州省委、省政府在“守好两条底线”中的政治担当，贵州省林业局牵头汇编了《牢记嘱托守底线 绿水青山看贵州——贵州生态文明建设典型案例 2020》。旨在为全国乃至全球提供可借鉴、可复制的生态文明建设成功经验。

编者

2020 年 7 月

目 录

生态文明治理观篇

生态文明保护观篇

生态文明全球观篇

生态文明自然观篇——

坚持人与自然和谐共生

人与自然是生命共同体。生态环境没有替代品，用之不觉，失之难存。“天地与我并生，而万物与我为一。”“天不言而四时行，地不语而百物生。”当人类合理利用、友好保护自然时，自然的回报常常是慷慨的；当人类无序开发、粗暴掠夺自然时，自然的惩罚必然是无情的。人类对大自然的伤害最终会伤及人类自身，这是无法抗拒的规律。

在整个发展过程中，我们都要坚持节约优先、保护优先、自然恢复为主的方针，不能只讲索取不讲投入，不能只讲发展不讲保护，不能只讲利用不讲修复，要像保护眼睛一样保护生态环境，像对待生命一样对待生态环境，多谋打基础、利长远的善事，多干保护自然、修复生态的实事，多做治山理水、显山露水的好事，让群众望得见山、看得见水、记得住乡愁，让自然生态美景永驻人间，还自然以宁静、和谐、美丽。

——2018 年 5 月 18 日
习近平总书记在全国生态环境保护大会上的讲话

从江县丙妹镇小榕村。 陈沛亮 摄

案例一简介：

退耕还林是迄今为止世界上最大的生态修复工程，自1999年启动实施以来，截至2019年，中国累计实施退耕还林还草5.15亿亩，累计投入5174亿元。

贵州省自2000年启动实施退耕还林工程以来，截至2019年，国家累计安排退耕还林3408万亩，其中新一轮退耕地造林1395万亩，占全国总任务的20.87%，居全国第一位。

退耕还林工程的实施，为贵州增加森林覆盖率10个百分点以上。据2019年监测结果表明：退耕还林生态服务功能总价值量达901.87亿元/年。监测区跟踪调查的退耕农户人均纯收入，从2011年退耕前的1272元，增加到2018年的10861元。

20年来，退耕还林为构筑贵州省“两江”上游生态屏障、助推脱贫攻坚作出了积极的贡献。

贵州省毕节市织金县马场镇凹河退耕还林种植玛瑙红樱桃基地。

贵州省林业局 供图

退出昨天的荒芜 还回今天的丰茂

——贵州省退耕还林 20 年成效案例

端午前后的贵州，大雨总在人们睡得最沉的时候降临。

雷声轰响，雨水砸得屋顶劈啪作响。杨先福只是翻了个身，又继续睡了。换做以前，他哪敢睡得如此安稳！

因为他的亲戚、他的乡邻就有在睡梦中被泥沙吞噬……

杨先福的家，在贵州省毕节市大方县穿岩村小沟组——

1984 年 5 月的那个夜晚，暴雨夹着山上的滚石和泥沙倾泻而下，瞬间就把山腰处的一座房子掩埋。

那是韩守飞的家。她嫁到这里才一年多，丈夫在外打工，家里就她和刚满月的孩子。

生命的最后一刻，她将孩子紧紧抱在怀里。

孩子，还在吃奶……

杨先福带着村民挖开泥沙时，看到的，就是这样一幕场景。

滂沱大雨之中，人们，潸然泪下。

小沟组的人，心痛了，也醒了！

“烧山垦田，山上的林子砍光了，山上的泥巴流光了，也把我们的安稳日子败光了。”

2000 年，大方县试点启动退耕还林工程，杨先福带着村民自发退出耕地，植树造林。在随后的 10 多年里，小沟组的 3300 亩坡耕地重披绿装，森林覆盖率从原来的 19% 提高到了 68.5%。

“以前，下雨天是睡不了安稳觉的，怕滑坡啊，怕出事啊。”

“现在，再大的暴雨，也不用担心，有林子保护我们的。”

退耕还林让小沟组的生态环境持续改善，让当地百姓的生活发生了巨大变化。

而退耕还林工程实施 20 年以来，还有更多的巨变，在贵州大地悄然发生。

贵州省毕节市大方县穿岩村小沟组，村民杨先福 20 年前种下的树已经环抱不住。
方春英 摄

"穷山恶水"变"青山绿水"
退耕还林，退出落后生产方式，还回美好家园

贵州多山，92.5% 的国土面积为山地和丘陵，是全国唯一没有平原支撑的省份。

自然条件的限制，让百姓生活艰辛，为求生存，只有不断地毁林开荒。使得贵州生态灾害频发，水土流失和石漠化严重侵害了百姓的生存发展。

修复和保护生态环境，成为摆在贵州面前亟待解决的问题。退耕还林，便是改变的开始。

安顺市关岭布依族苗族自治县花江镇白泥村，处于滇黔桂石漠化集中连片特困地区，长期以来季节性缺水，严重制约地方经济发展。

"栽树就像养娃儿，我们栽一棵死一棵，一直是白发人送黑发人。"提起造林，白泥村村民任德贵只能摇头叹息。

2016 年，关岭布依族苗族自治县以退耕还林工程为依托，结合扶贫项目，在白泥村种植 570 亩五星枇杷。

为了保证造林质量和成效，关岭布依族苗族自治县引进专业公司负责投资、整地、种植、经营管理，成活见效后，将产业归还百姓，百姓享受全部收益。

"公司自负盈亏，造林风险都在企业身上，我们必须保证项目成功。"承接项目的湖南汇博苗木有限公司负责人万泽成介绍，为此，他们想尽了各种方法解决缺水问题。

挖蓄水池——造林前先挖了 4 个容量 400 立方米的蓄水池。

水车运水——10 吨的水车，每天五六次从董箐水库运水到蓄水池。

铺设管道——从蓄水池到每株枇杷苗，铺设了5万米水管。

根部保水——每株枇杷苗根部，都有10斤水容量的水壶，水壶上扎了小洞，一点点渗透灌溉。

这种突破常规的造林模式，在平均坡度40度以上的石漠化陡坡耕地上种出了一片绿色，2.6万株枇杷苗全部成活。

而为了保证退耕还林工程取得实实在在的成效，贵州各地都做了大量探索。

六盘水市盘州市，打破散户造林传统，造林由平台公司统一实施，公司投入种植、种苗、肥料、后期管护等资金到村级合作社，合作社按照“三变”模式具体抓种植和管护，退耕农户以土地入股合作社变股东，获取退耕还林补助、土地入股保底分红等。“这样的模式确保了退耕还林工程种得下、管得住、有效益、助脱贫。”盘州市自然资源局副局长朱昌平说。

不仅是关岭布依族苗族自治县和盘州市，退耕还林工程实施20

年来，一棵棵树在贵州的陡坡耕地、荒山上扎根成长，让贵州的山更绿了、水更清了、空气更好了、环境越来越美了。

这样的改变，不是空口无凭的。从 2002 年开始，贵州省林业科学研究院开展退耕还林工程综合效益监测工作，他们花了十多年的时间连续监测，结果表明，退耕还林工程取得了显著的生态效益：

涵养水源——贵州省退耕还林工程涵养水源物质量 23.94 亿立方米 / 年，相当于贵州红枫湖水库（蓄水量 6 亿立方米）容量的 3.99 倍。

保育土壤——贵州省退耕还林工程固土物质量为4028.29万吨/年，按照贵州省退耕还林生态效益计算面积测算，退耕还林工程每年每亩可固土 1.8 吨。而在保肥方面，贵州省保肥物质量 264.82 万吨 / 年，其中固氮 15.34 万吨 / 年、固磷 2.81 万吨 / 年、固钾 56.61 万吨 / 年、固有机质 190.06 万吨 / 年。

2018 年贵州全年农业化肥用量约 280.46 万吨，退耕还林工程土壤保肥物质总量相当于贵州省年农业化肥总施用量的 0.94 倍，其

遵义市绥阳宽阔水国家级自然保护区。潘开礼 摄

中为氮、磷、钾肥施用量的 14.22%、4.62%、257.55%。

固碳释氧——贵州省退耕还林工程固碳物质量 406.64 万吨 / 年、释氧物质量 950.18 万吨 / 年。2018 年，贵州省煤消耗量 12008.04 万吨（煤的含碳量按 80% 计算），退耕还林工程每年固碳物质量 371.29 万吨，相当于贵州省年碳排放量的 3.39%。

积累林木营养物质——贵州省退耕还林工程积累氮物质量为 54312 吨 / 年、积累磷物质量为 6489 吨 / 年、积累钾物质量为 28370 吨 / 年。

净化大气——贵州省退耕还林工程提供负氧离子物质量为 1451.71×10^{22} 个 / 年、吸收污染物 22.03 万吨 / 年、滞尘 3327.27 万吨 / 年、吸滞总悬浮颗粒物 2661.81 万吨 / 年、吸滞 $PM_{2.5}$ 133.1 万吨 / 年。

保护生物多样性——监测表明，退耕还林前陡坡耕地地表植被仅有 9 科 85 种（不包括农作物）。到 2018 年，有 66 个科 338 个种。退耕地与农耕地物种科数比从 2015 年的 6.8 ∶ 1 增加到 2018 年的 7.3 ∶ 1，种数比从 3.8 ∶ 1 增加到 4 ∶ 1。林分植物群落结构分化，形成乔木层、灌木层、草本层，在水热立地条件较好的地方还出现了第 4 层即层间植物层。

截至 2018 年，贵州省退耕还林工程生态服务功能总价值量为 901.87 亿元 / 年。其中：涵养水源 304.87 亿元，保育土壤 109.88 亿元；固碳释氧 180.46 亿元，林木营养物质积累 16.81 亿元，净化大气环境 172.14 亿元，生物多样性保护 117.71 亿元。

数据充分印证了退耕还林工程实施 20 年来，贵州省生态环境的持续改善，“穷山恶水”变“青山绿水”。贵州，还将造就更多人与自然和谐共生的生态奇迹。

“绿水青山”变“金山银山”
退耕还林，退出昨天的贫困，还回今天的幸福

贵州，曾经一度是全国贫困面最大、贫困人口最多、贫困程度最深的省份。

“荒山秃岭不长草，人穷粮少吃不饱”，说的是退耕还林前的贵州省毕节市大方县穿岩村。当时，穿岩村年人均粮食不到190公斤，有“有女不嫁穿岩村”的说法。

可如今再走进穿岩村，昔日的荒山秃岭早已变成茫茫林海。

种树的人，富起来了——

上一轮退耕还林的柳杉、华山松等都已成材，平均树高12米，每亩可产木材约10立方米。按市场均价600元/立方米计算，穿岩村0.44万亩上一轮退耕还林地，仅木材价值就有0.26亿元。

“全村1528户现户均有8亩林，相当于每家都在山上的绿色银行里存了5万元。”穿岩村村支书王永军说。

搞林下经济的人，富起来了——

大方县九里箐种植专业合作社负责人陈明军，退耕还林后他的关注点不再局限于自家的一亩三分地，他来到遵义做起中药材生意，其间不仅掌握了网络经销，还研究冬荪等种植加工，成为了技术专家。

2015年，再回到穿岩村的陈明军，看到当年退耕下来的大片林子，感到意外惊喜，“这些林地，是冬荪、天麻最佳的生长地”。于是，他便回来发展林下经济。

截至目前，陈明军在穿岩村共种植冬荪4万余平方米、天麻800亩、灵芝50亩，年产值超过1000万元，带动当地70户农户增收。

贵州省毕节市大方县慕俄格街道办事处凉井社区，村民正在林下采收冬荪。
罗大富 摄

做森林旅游的人，富起来了——

和陈明军一样，肖军林在退耕还林后，也找到了人生不一样的发展方向和成功的可能。在福建搞餐饮的他精通于服务行业，2004年肖军林在路边开起了农家乐，生意越做越红火。

从三间加起来不到200平方米的平房，到两栋近2000平方米的楼房。如今，肖军林的农家乐旺季高峰游客接待量达到300人次/天，一年净收入至少80万元。

“退耕还林促使我们改变，给了我们人生更多的精彩，因为人这一辈子，不去试着改变，生活就永远好不起来。”肖军林说。

自上一轮退耕还林启动实施以来，穿岩村共实施退耕还林6358亩，森林覆盖率从1987年的16.8%提高到2018年的72.4%。人均纯收入从1987年的206元增加到2018年的9300元，比退耕前增长了45倍。

经济发展有赖于生态环境的提升，生态环境建设又有赖于经济发展方式的转变。

在上一轮退耕还林工程中，贵州还有无数个“穿岩村”，依托生态建设成果，实现了发展和生态的双赢。

而在新一轮退耕还林工程中，贵州更加重视产业发展、生态建设和脱贫攻坚的紧密结合。

一方面，在任务安排上向贫困地区倾斜。新一轮退耕还林实施5年来，累计安排给三大集中连片贫困地区的面积占贵州省总任务的85.9%。

另一方面，因地制宜选择一批优质、高效和市场前景好的经济树种，发展山地高效特色经济林。截至2018年，新一轮退耕还林工程已完成的1067万亩面积中，经济林达814.6万亩，占完成数的76.35%。

贵州省林业科学研究院退耕还林效益监测课题组，对贵州省17个县的62个乡镇的1549681人进行了社会经济效益跟踪监测。

监测表明，退耕还林工程助推了贵州退耕农户收入持续增长。2018年，监测区跟踪调查的退耕农户人均纯收入10861元，与2001年退耕前1272元相比，增加9589元，增幅达754%。

绿水青山变成源源不断的金山银山，贵州在退耕还林工程中，始终坚持经济发展与生态建设同频共振、资源利用和产业培育共生共荣，“退”出了产业、更“退”出了百姓脱贫致富的路子和幸福美好的生活。

“为山而苦”变“以山为傲”
退耕还林，退出昨天的落后，还回今天的振兴

贵州，是典型的山区。过去，因为山多地瘦、交通闭塞，贵州经济在全国垫底，成为“贫穷落后”的代名词，贵州人也因此有些“自卑”。

而现在，一切发生了改变。

从贵阳出发，无论是走的哪条道路去往哪个方向，映入眼帘的都是层层的绿。山地景观的多样、独特，形成了一个个精巧别致的“小盆景”，一步一景，让贵州获得了“山地公园省”的美誉，也让贵州充满了蓬勃的发展活力。

以生态旅游为例，2018 年贵州省旅游总人数达 9.69 亿人次，实现旅游总收入 9471.03 亿元。贵州，正逐渐成为世界一流的山地旅游目的地。

走进遵义市赤水市，放眼望去，满山皆竹，满眼皆绿，一片生机盎然。深呼吸一口，空气中每立方厘米含 1.6 万个负氧离子，会让人真切感受到什么叫做“天然氧吧”“洗肺天堂”。

2001 年以来，赤水市大力实施退耕还竹工程。截至目前，赤水市竹林面积达 132.8 万亩。依托丰富的森林生态资源环境，赤水大力推进森林旅游，2018 年全市接待游客 1800 万余人次，其中森林旅游接待游客 1600 万人次，旅游综合收入达 200 亿元。如今，赤水市旅游已成为贵州省山地旅游“井喷式”增长的一面旗帜。

以山为傲，贵州人骄傲的不仅是生态环境改善后持续涌入的游客，更是贵州“生态优先、绿色发展”的战略布局。

2007年，贵州省毕节市赫章县海雀村老支书文朝荣（右一）和村干部检查退耕还林情况。 杨元德 摄

贵州省毕节市赫章县海雀村，万亩林地波涛起伏。 杨元德 摄

贵州，地处长江、珠江上游，是我国重要的生态保护区和限制开发区。2000 年，贵州开始退耕还林试点工作。到 2019 年，中央累计安排贵州省计划任务 3408 万亩。其中：退耕地造林 2052 万亩，荒山造林 1133.33 万亩，封山育林 223 万亩。工程的实施，使贵州的森林覆盖率增加了 10 个百分点。

借助工程的实施，贵州牢牢构筑了“两江”上游生态屏障。而从长远看，实施退耕还林工程，符合贵州发展实际，是贵州转型发展的需要、后发赶超的优势。

不沿边不沿海的贵州，无论是农业经济还是工业经济，相较于其他省份都不具备优势。而以生态立省，贵州有了越来越多的绿色产业。

贵州茶——截至 2019 年底，贵州省茶园面积达 700 万亩，连续七年位居全国第一。同时出口量连年增长，2019 年贵州出口茶叶 40.1 万吨、产值 451.2 亿元。茶叶，成为茅台之外，贵州又一张世界级的生态名片。

贵州刺梨——是我国首个培育的国家森林生态标志产品，拥有“维 C 之王”的美誉，具有防癌、抗衰老的显著效果。广药王老吉也看中其未来发展潜力，与贵州省政府签署全面战略合作协议，共同将贵州刺梨发展为百亿级的时尚生态产业。

还有猕猴桃、油茶、蓝莓、蜂糖李……退耕还林工程，在推出一个个绿色产业的同时，也带动了一个个乡村的振兴。

绿水青山和金山银山绝不是对立的，关键在人，关键在思路。

从“因山而贫”到“凭山致富”，从退耕还林工程中总结成功经验，转变发展思路后的贵州，会因为绿色，而更加骄傲。

贵州省毕节市大方县羊场镇退耕还林前。 贵州省林业局 供图

贵州省毕节市大方县羊场镇退耕还林五年后。 贵州省林业局 供图

贵州省毕节市大方县羊场镇退耕还林后，2017 年的森林植被情况。
贵州省林业局 供图

案例二简介：

2016年11月28日，中共中央办公厅、国务院办公厅联合印发《关于全面推行河长制的意见》，开展了全国各地全面推行河长制的伟大行动。

推行河长制工作以来，贵州在制度建设、机制保障、措施行动等方面进行了积极探索，制定了《贵州省全面推行河（湖）长制总体工作方案》，建立起了从省到村的五级河（湖）长制组织体系，在全国率先设立四级“双总河（湖）长”，省、市、县、乡四级均由党委和政府的主要领导共同担任总河（湖）长，“四大班子”人人当河（湖）长，这是全国唯一的省。

同时，还分级招募河湖民间义务监督员，“政府河（湖）长”联手“民间河（湖）长”共同推进河（湖）长制。从省到村，从政府到民间，纵向到底、横向到边，贵州省河（湖）长制体系做到了河（湖）长设置无缝衔接，水域覆盖不留空白，真正做到了每条河流都有河（湖）长。

清水江贵州省天柱段河长巡河。 龙胜洲 摄

还大河小河“水清绿岸”

——贵州省全面推行“五级河（湖）长制”

贵州，长江和珠江上游重要的生态屏障，是国家首批生态文明试验区之一，境内河网密布，流域面积 50 平方公里以上的河流就有 1059 条。

面对生态环境脆弱、水环境问题突出的局面，贵州没有懈怠，坚定信心，承担起治理好水生态环境的责任与使命，守护好生命之源，筑牢绿色发展、高质量发展的根基。

2009 年，贵州在黔中水利枢纽工程源头开展了环境保护河（湖）长制试点；

2012 年，实施了环境保护河（湖）长制；

2014 年，在贵州省八大流域开展环境保护河（湖）长制；

2017 年，贵州率先推出省、市、县、乡、村五级河（湖）长制，并把全面推行河（湖）长制工作作为大生态战略的重要抓手，实现各类水域河（湖）长制全覆盖。

守护水清岸绿，贵州将河（湖）长制作为“一把手”工程，全力推进河（湖）长制各项工作。贵州省委、省政府还把全面推行河（湖）长制作为助推国家级生态文明试验区建设和大生态战略行动的需要，写入了《国家生态文明试验区（贵州）实施方案》。

此外，贵州在全国率先设立四级“双总河（湖）长”，省、市、县、乡四级均由党委和政府的主要领导共同担任总河（湖）长，“四大班子”人人当河（湖）长，在全国的省、直辖市、自治区中，这是唯一的。

同时，还分级招募河湖民间义务监督员，“政府河（湖）长”联手“民间河（湖）长”共同推进河（湖）长制。

贵阳市环保志愿者雷月琴常年行走于南明河。她说：“发现河水有臭味、颜色不对，我就要给公示牌上的河（湖）长打电话。”河（湖）长制明确了责任与职责，越来越多的人像雷月琴这样加入到义务监督员的队伍。

大家也感受到了明显的变化，统计数据显示，2018 年贵州省纳入国家“水十条”考核的 55 个地表水水质，断面水质优良率 96.4%，位居全国前列。地级以上集中式饮用水水源地水质达标率达到 100%，乌江干流水质首次实现总体达标。

行走在贵州的河流湖泊，一块块河（湖）长公示牌是治水的决心和信心，一个个“河（湖）长”是荣耀更是责任，守护着贵州境内的大小河流。

近年来，贵州省河（湖）长制工作推进力度大，河湖管理保护成效明显，2018 年获得国务院办公厅落实有关重大政策措施真抓实干成效明显地方督查激励。

水清岸绿、鱼翔浅底，水草丰美、白鹭成群……才是贵州五级河（湖）长制的目标。

河（湖）长全覆盖
每一条河流都有了守护人

“从上游高寨沙坝，到下游新寨村高粱地，一共 5800 米，都归我管，我是河长。”

渔政、水利船只成为贵州省河（湖）长巡河的主要交通工具。 龙胜洲 摄

说这话的时候，53 岁的贵州省安顺市平坝区羊昌乡稻香村村委会主任周英祥正站在羊昌河左岸，上下一指，俨然是一个气吞山河的“大将军”。

从 2017 年 3 月起，他和村里的党支部书记一同成为羊昌河稻香村段的村级河（湖）长。

贵州省境内流域面积 50 平方公里以上的河流有 1059 条，省内河网密布，雨量丰沛，森林植被覆盖率达到 59.95%，是长江和珠江上游重要的生态屏障。同时，这里山高坡陡，岩溶发达，河谷深切，土层较薄，生态十分脆弱，保护生态尤显重要。

2017 年 1 月 1 日起，贵州省施行《贵州省水资源保护条例》，将全面推行河（湖）长制写入其中。贵州，成为全国首个地方法规中明确推行河（湖）长制的省份。

同年 3 月，贵州省出台河（湖）长制总体工作方案。10 月，市县两级和乡（镇、社区）工作方案全部出台。

贵州省毕节市大方县对江镇白布河河长巡河。 罗大富 摄

方案对基本原则、目标任务、河（湖）长体系、组织领导、部门联动、综合执法、公众参与、督查考核作出明确要求，河（湖）长会议、信息共享、信息报送、工作督查、考核问责、联席会议等工作制度相继建立完善，为河（湖）长制全面推进提供了有力支撑。

2017 年底，贵州省全面建立河（湖）长制，贵州省 4697 条河流共设五级河（湖）长 22755 名。只要老百姓叫得出名字、有常流水的河流，都有了健康守护责任人。同时，贵州在全国率先设立四级“双总河（湖）长”“四大班子人人当河（湖）长”。省、市、县、乡四级均由党委和政府的主要领导共同担任总河（湖）长，市、县、乡三级参照省级做法。

纵向到底、横向到边、无缝对接、不留空白，贵州如何真正做到河（湖）长制全覆盖？

结合贵州属内陆山区省份、小河流居多的实际，在实施范围方面，贵州不仅将全国水利普查成果中流域面积50平方公里以上的1059条河流纳入，而且老百姓通俗认为的农村河道、所有天然湖泊、贵州省小（二）型及以上水库也都全部纳入河（湖）长制范畴，实现河道、湖泊、水库等各类水域河（湖）长制全覆盖。

此外，贵州还创新体制机制，探索“政府河（湖）长”联手“民间河（湖）长”共同推进河（湖）长制。即分级招募河湖民间义务监督员，聘请河湖民间义务监督员11220名、河湖保洁员17271名，他们被称为“民间河（湖）长”。

民间河（湖）长中，既有环保志愿者，也有环保专家，专业涵盖环境、化工、地质等领域。这些专家型民间河（湖）长，能从水环境治理的角度看出问题所在，提出专业整改意见和建议。民间河（湖）长能发现一些政府河（湖）长注意不到的问题，两者相辅相成，共同对河流水环境的保护起到促进作用。

民间河（湖）长发现问题，政府河（湖）长解决问题，调动社会力量开门治水，形成了政府、企业、社会三方共同参与、齐抓共管的治水、护水格局。

2019年，《贵州省河道条例》颁布施行，设专章对河（湖）长制工作进行了规定。与此同时，除按照国家要求制定河长会议制度等“六项制度”，贵州省还结合实际，创新制定了《贵州省河长巡河制度》《贵州省河湖违法行为行政执法与刑事司法衔接工作机制》等制度，基本形成了完善的河（湖）长制法规制度体系。将河（湖）长制考核结果作为地方党政领导干部及河（湖）长制责任单位履职情况综合考核评价的重要依据，并依托“云上贵州”建立起贵州省河湖大数据管理信息系统。

河(湖)长制的建立,全面推进了贵州省水资源保护、水污染防治、水环境治理、水生态修复,实现了贵州省河湖系统和水生态环境的整体持续改善。

巡河常态化
上万人日夜守护在河湖岸边

河(湖)长不能只挂名,要有具体工作任务。

2017年6月18日,是贵州省首个生态日。当日,贵州开展了“保护母亲河,河(湖)长大巡河”主题活动,贵州省委、省政府主要领导和30余名在职省级领导走进河堤湖边,与近1400名市、县、乡、村级河(湖)长同步大巡河,共同为河流湖泊生态治理“把脉问诊”,现场督导解决问题。

站在波光粼粼、水清岸绿的贵州第一大河乌江岸边,贵州省政府主要领导不时向随同的贵州省水利厅和环保厅相关负责人发问:“乌江在贵州段有800多公里,有多少企业向乌江排放污水?贵州段规模以上的排污口有300多个,24个监测点远远不够;需要对每个排水口进行实时监测……”一句句问询和一项项要求,让各级河(湖)长倍感责任和压力。

“良好的生态环境是茅台酒最宝贵的优势,如果环境被破坏了,茅台酒就变味了。”当赤水河五级河(湖)长来到贵州茅台酒股份有限公司中华污水厂巡查时,公司相关负责人向赤水河五级河(湖)长表示,经过引入第三方进行治污,每天可处理生产污水7000立方米,经过处理的中水被应用于厂区清洁绿化之中,各项指标均优于相关标准。目前，公司正在对厂区内的污水管网进行升级改造，2017年年底就可彻底解决厂区“雨污混流”问题。

在瓮安河、清水河、草海等活动现场，一些环境问题同样被发现并获得解决方案。参与巡河的各级河（湖）长表示，为解决河湖水库生态环境建设与保护中存在的突出问题，各级河（湖）长带头巡河、就地办公督察，有利于精准治污，守护碧水蓝天。

上下联动护河，形成全民治水合力。将6月18日“贵州生态日”开展“五级河（湖）长大巡河”活动作为常态，由两位贵州省总河（湖）长带头，五级河（湖）长定期巡查河湖，现场解决问题。2018年，参加巡河活动达到5万人次，依托各级河（湖）长和各类社会力量，巡河护河活动已变成经常性工作，贵州千百河湖正得到有效保护。

此外，贵州还开展了“百千万”清河行动，选取100条河流，开展重点执法检查。2017年下半年贵州省共开展日常巡查2100余次，发现并成功制止各类涉河（湖）违法行为550余起，下达责令停止违法通知书520余份，立案查处各类水事违法案件70余件。

启动了“清畅整治行动”，对流域面积50平方公里以上的1059条河流开展“清岸清水活动”，并纳入河（湖）长制考核评估。在全国率先开展入河排污口全面调查，通过核查，贵州省共有规模以上入河排污口960个，其中已运行606个，试运行86个，在建268个，为“一河一策”编制和河流治理提供了基础支撑。

治河新招频出，江河湖泊焕发生机。贵州实施“百千万”清河行动、长江经济带固体废物清理整治行动、河湖“清四乱”专项行动、“渔民上岸、清净江河”网箱拆除行动等，实现全域无网箱，贵州省江河湖库水质明显改善。截至2019年12月，年度纳入国家“水十条”

考核的 55 个地表水断面水质优良比例（达到或优于Ⅲ类）96.4%，劣 V 类水体得到消除。

治理见成效
贵州省河湖水质提升生态改善

“未设河（湖）长以前，锦江河不仅水脏，水质不达标，而且白色垃圾多，现在这些问题不存在了。”家住贵州省铜仁市碧江区锦江广场社区的席银菊，每天早上都会和老伴到沿江步道散步，每每说起锦江河的变化，她都会竖起大拇指。

河流水质的变化，来源于不断创新的管理手段。这些年，贵州最值得关注的莫过于“大扶贫、大生态、大数据”这样的发展定位。在河（湖）长制的推进过程中，大数据思维让巡河（湖）监管更加轻松便捷。

“大家都可以参与巡河，信息更全面，数据统计更准确，这个 APP 让我们巡河更方便了。”指着手机里的河（湖）长制管理信息系统移动端，贵安新区党武镇河（湖）长办公室工作人员李维开心地说。2017 年年初，贵安新区河（湖）长制管理信息系统移动端正式上线，目前已经具备区级、镇级、村级的互通互联。

“这个 APP 还有个亮点，就是普通群众也可以参与巡河。”贵安新区生态环境局工作人员介绍，移动端除了向河（湖）长开放之外，还专门搭建了民众投诉平台。贵安新区每一条河流公示牌上都会设置有二维码，群众如果发现某段河流出现污染问题，扫描二维码就能实时反映所发现的问题。

“以前每月巡河情况上报，纸质材料动辄几百页，现在所有信息都通过移动端实时上传反馈。”李维坦言，这样不仅节省成本，对问题的处理也更及时。此外，这个APP还具备定位功能，能够监督河（湖）长是否在责任河段巡河，确保上报信息的真实性和准确性，更高效地开展河（湖）长制管理工作。

不只在贵安新区，依托大数据应用，贵州各地通过加强信息平台建设，将现有各种基础数据、监测数据和监控图片等有效整合，为“河（湖）长网格”提供了智慧“大脑”，也方便实施在线监测新模式，让贵州省范围内河道保洁覆盖更全面，治水监管无死角，问题处理更高效，开启了“大数据+河（湖）长制”的新模式。

五级河（湖）长制的全面实施，取得了显著效果。

2018年，贵州省地表水水质总体优良。主要河流监测断面中97.4%达到Ⅲ类及以上水质类别，比2016年上升1.4个百分点；主要湖(库)监测垂线中92%达到Ⅲ类及以上水质类别，比2016年提高8个百分点；14个出境断面全部达到Ⅲ类及以上水质类别……

值得注意的是，2018年，贵州省乌江干流水质首次实现总体达标。乌江干流的四个考核断面大乌江镇、沿江渡、乌杨树、万木的水质年度均值达到Ⅲ类，近十年来长期为劣Ⅴ类水质的清水江重安江大桥断面平均值首次达到地表水Ⅲ类水质。

如今，走进贵州，满眼是绿，这既是大自然给予贵州独特的恩赐，更是贵州人民长期守护的结晶。

全面推行河（湖）长制不仅是中央部署的一项重大改革，水治理体制和生态环境制度的重大创新，更是贵州推进生态文明建设的又一有力举措。

贵州省委书记、省人大常委会主任孙志刚，贵州省委副书记、省长谌贻琴参加2019年度贵州五级干部义务植树活动。 邓刚 摄

案例三简介：

2015年，贵州出台《绿色贵州建设三年行动计划（2015—2017）》，明确以县乡村造林绿化、新一轮退耕还林还草为抓手，将符合政策条件的25度以上坡耕地全部实施退耕还林还草。截至2017年，贵州累计完成营造林面积1928万亩，贵州省森林面积1.46亿亩、森林覆盖率达55.3%。

第一个“三年行动计划”结束后，贵州于2018年出台《生态优先绿色发展森林扩面提质增效三年行动计划（2018—2020年）》，再次明确到2020年，贵州省森林覆盖率达到60%，森林蓄积量达到4.71亿立方米，城市建成区绿化覆盖率达到35%，林业增加值年均增长10%以上的目标任务。

截至2019年底，贵州森林面积达到1.55亿亩，森林覆盖率达到59.95%，比2014年末提升了10.55个百分点。

绿色贵州的“三年行动计划”

——贵州省推进国土绿化，牢筑“两江”上游生态屏障纪实

2014 年，49%；

2015 年，50%；

2016 年，52%；

2017 年，55.3%；

2018 年，57%；

2019 年，59.95%……

这，是贵州连年增长的森林覆盖率。

不断攀升的数字背后，是贵州强力推进国土绿化的决心和成效。

贵州，是长江、珠江上游重要的生态屏障。既面临全国普遍存在的结构性生态环境问题，又面临水土流失和石漠化仍较突出、生态环保基础设施滞后等特殊问题；既面临加快发展、决战决胜脱贫攻坚的紧迫任务，又面临资源环境约束趋紧、城镇发展和农业生态空间布局亟待优化的严峻挑战。

因此，造林添绿，不仅是贵州筑牢“两江”上游生态屏障、建设国家生态文明试验区的必然要求，也是守住发展和生态两条底线、守护国家生态安全的必然要求。

2015 年，“绿色贵州建设三年行动计划”全面启动。以县乡村造林绿化、新一轮退耕还林还草为抓手，贵州计划用 3 年时间，全面绿化宜林荒山荒地，将符合政策条件的 25 度以上坡耕地全部实施退耕还林还草。

2017年，绿色贵州建设三年行动计划圆满收官。三年来，贵州省累计完成营造林面积1928万亩。2017年末，贵州省森林面积达到1.46亿亩、森林覆盖率达55.3%，排名上升至全国第八位，长期存在的树种单一、结构简单、林分退化现象逐步扭转。

尽管取得了不俗的成绩，但是，贵州森林的面积、质量和效益，与国家生态文明试验区建设要求、大生态战略行动目标还有较大差距。到2020年，森林覆盖率要达到60%，还差4.7个百分点，需要新增造林面积2000万亩。

为此，贵州省人民政府办公厅印发了《生态优先绿色发展森林扩面提质增效三年行动计划(2018—2020年)》，再次明确“到2020年，森林覆盖率达到60%，森林蓄积量达到4.71亿立方米，

城市建成区绿化覆盖率达到35%，林业增加值年均增长10%以上，逐步形成空间布局合理、结构持续优化、保护措施有力、综合效益显著、生态环境宜居、服务功能增强的森林生态系统，促进人与自然和谐共生”的发展目标。

此后，贵州继续实施中央补贴造林、植被恢复造林、石漠化综合治理、“两江”防护林体系建设等重点生态工程。2019年，贵州省完成营造林面积520万亩，其中低质低效林改造143.65万亩。到2019年底，贵州省森林面积达到1.55亿亩，森林覆盖率达到59.95%。

造林添绿，贵州，不会止步！

贵州省铜仁市江口县凯马林场。 王勇江 摄

第一个“三年行动计划”满目山峦皆绿色

2015年2月25日，贵州省贵安新区马场镇川心村鸿坡热火朝天，当天，8万余人义务植树40万株，标志着“绿色贵州建设三年行动计划”全面启动。

以新一轮退耕还林还草和县乡村绿化造林为抓手，贵州要用三年时间，全面绿化宜林荒山荒地，将符合政策条件的25度以上坡耕地全部实施退耕还林还草。

根据《绿色贵州建设三年行动计划（2015－2017）》的目标，三年内，贵州要完成造林绿化面积916万亩，实现森林覆盖率达到50%以上的目标。

到2016年，贵州就完成了营造林面积928万亩，森林覆盖率达到52%，提前一年完成了三年行动计划设定的目标任务。到2017年，贵州累计完成营造林面积1928万亩，森林覆盖率达到55.3%。

贵州是典型的喀斯特地貌，是中国石漠化分布面积最大、危害最严重的省份，岩溶出露面积占贵州省总面积的61.92%。

这样的国土绿化成绩，对生态环境脆弱、决战决胜脱贫攻坚任务紧迫的贵州来说，并非易事。这样的国土绿化成绩，是贵州省上下戮力同心、攻坚克难的结果。

坚持政策保障。贵州省委、省政府高度重视国土绿化工作，先后制定并实施了县乡村造林绿化规划、绿色贵州建设三年行动计划，颁布实施《贵州省义务植树条例》，出台《贵州省森林覆盖率到2020年达到60%造林绿化规划》。

破题用地不足。贵州省划定 9 条林业生态红线，严把建设项目使用林地审核关。贵阳市划定 11 条林业生态红线，严把建设项目使用林地审核关，出台《贵阳市建设项目使用林地“占一补一”实施方案》，既守住林业生态红线这条底线，又兼顾了全市经济社会的发展需求。

破题资金不足。全面推行“先建后补”制度，在保证政策补助资金全部兑现给农户的前提下，积极引入公司、合作社、种植大户参与造林绿化并先行垫资，验收合格后，种苗与造林补助资金再兑现给实施主体，确保栽得下、管得好、能成林。

破题人力不足。每年春节上班后的第一天，贵州省五级干部上山植树已成为传统，有效带动了贵州省上下广泛参与义务植树。遵义市探索启动“月月造林”活动，市、县、乡三级联动，每月同步组织一次主题造林活动，掀起“党政林”“希望林”“安全林”“健康林”等一系列主题鲜明的造林活动热潮，带动全市上下广泛参与。

破题技术不足。建设“贵州省国土绿化挂图作战调度指挥系统”。对贵州省可造林空间进行监测分析，将可造林区域落实到山头地块，解决了造林用地不知道从哪里来的问题。

而贵州省铜仁市万山区，则组建区级营造林技术专家组，每个造林片区明确两名以上技术员，为造林主体提供“一对一”全程技术指导。建成营造林技术培训基地，对造林主体、农户和生态护林员开展油茶、枣子等栽培技术培训，有效提升一线技术力量和人员素质。

这些探索和实践，让贵州种下的每一棵树，都扎下了深深的根，让贵州满目山峦皆绿色。

贵州省遵义市务川仡佬族苗族自治县黄都镇万亩大坝的清晨，云雾缭绕、美丽清新。 李旭义 摄

第二个“三年行动计划”
绿水青山富百姓

虽然2015年至2017年的“绿色贵州三年行动计划”取得了很好的成绩，但贵州国土绿化的步伐不能停滞。

“贵州省森林的面积、质量和效益，与国家生态文明试验区建设要求、大生态战略行动目标还有较大差距。”

“且贵州省现有森林质量不够高、效益不够明显，乔木林单位面积蓄积量在全国也处于中下水平，林业产业不发达，助推贵州省经济社会发展和决战脱贫攻坚、决胜同步小康的潜力与优势没有充分发挥出来。”

直面贵州国土绿化的短板和弱项，贵州开启了第二个“三年行动计划”，《生态优先绿色发展森林扩面提质增效三年行动计划（2018—2020 年）》出台。

贵州的森林，怎么扩面?

大力实施青山工程——实施项目化集中连片造林，完善造林失败地、因灾受损造林地核销重新造林制度；对石漠化和水土流失严重区域实施综合治理；扩大封山育林范围；加快关停矿山、地质灾害区等区域的造林绿化。

大力实施退耕还林还草和种植业结构调整——对符合政策的耕地实施退耕还林还草，对不能实施退耕还林还草的坡耕地，调整种植结构，增加森林植被。

大力实施城乡绿化美化——开展环城林带绿化、街道绿化、道路绿化、社区绿化、河道绿化，拓宽绿化空间。推进美丽乡村绿化美化，积极开展“四旁”（村旁、宅旁、水旁、路旁）绿化。

大力实施社会化造林——引导金融资本、工商资本、社会资本投资参与国土绿化，鼓励家庭、合作社、企业创办林场。创新全民义务植树模式，每年义务植树 5000 万株以上。

贵州的森林，如何提质?

要提高造林质量——加大良种基地建设，大力培育良种和乡土珍贵树种苗木；因地制宜确定造林方式，宜造则造、宜封则封、宜乔则乔、宜灌则灌，扩大混交林比例；加强造林全过程监督管理，确保工程项目造林成活率达 85% 以上、保存率达 80% 以上。

要切实加强森林经营——推进森林抚育和退化林修复，完成森林抚育 1800 万亩、低质低效林改造 300 万亩。

要推进国家储备林建设——以国有林场为重点，鼓励和引导乡村林场、林业大户、林业合作社、股份制林场、林业企业等参与，完成国家储备林建设 1098 万亩以上。

贵州的森林，怎样增效？

答案是通过林业产业的发展，实现经济发展与生态建设同频共振、资源利用和产业培育共生共荣，把青山变金山、绿水变富水、空气变财气、林地变宝地。

建设产业基地——建设油茶、竹、花卉苗木及珍贵林木、国家储备林等林业产业基地，推进林业产业集聚发展，构建林产品精深加工产业集群和产业带。

发展林下经济——以林草、林茶、林药、林菌、林蜂、林禽、林畜、森林产品采集等为主，发展周期短、见效快的绿色富民产业。

发展森林旅游和森林康养——依托优质森林资源，开发观光、休闲、养生、体育、探险、理疗等特色旅游产品。

培育市场主体——鼓励支持造林大户、合作组织、林业企业等经营主体发展林业产业。建成国家级林业产业示范园区 3 个以上，国家级龙头企业 10 家以上，省级龙头企业 200 家以上。

绿水青山就是金山银山，贵州的第二个“三年行动计划”，就是要实现在不断厚植绿色的同时，有效带动林区林农的脱贫致富，逐步实现“青山郭外斜”“仓廪俱丰实”。

贵州省六盘水市盘州市乌蒙镇元宝枫造林基地。 郭应 摄

贵州省黔东南苗族侗族自治州麻江县蓝莓种植基地。 盛亚亿 摄

下一个“三年行动计划”
人与自然共和谐

一到秋冬，贵州省威宁彝族回族自治县的草海就成为了候鸟的俱乐部。

近十万只的候鸟，来到草海，各种各样鸟的欢声笑语，就好像在比谁的歌声最好听。

到过草海的人，都会有强烈的人与自然和谐共生的感觉，心灵的巨大冲击，也促使人们，一定要保护好这片生态。而在多方共同努力保护下，草海国家级自然保护区越冬黑颈鹤数量从 220 只增加到 2100 只。

不止是威宁草海，在贵州，人与自然之间的和谐故事不断上演。

有着“自然基因库”之称的世界自然遗产地梵净山，保存着地球同纬度最大、最完整的原始森林，繁衍着 2600 多种生物，其中不乏 7000 万至 200 万年前第三纪、第四纪的古老动植物种类，更是“世界独生子”黔金丝猴的唯一栖息地。

早年间，这里也曾存在着滥砍、偷猎、挖草药、侵占动物栖息地的现象，黔金丝猴把家越搬越深，直至消失在人们的视野。后来，梵净山国家级自然保护区通过科学规划，有序发展生态旅游，为周边村民提供了直接的就业机会，实现了生态减贫。

随着人们的生态保护意识不断增强，梵净山国家级自然保护区的森林覆盖率连年上升，为保护区内的野生动物提供了安全、舒适的繁衍条件，黔金丝猴数量从 200 只增加到 760 只左右。

近年来，贵州省通过深入实施绿色贵州三年行动计划、森林扩面提质增效三年行动计划、天然林保护、退耕还林、石漠化治理等林业重点工程，不断加大自然保护区、湿地等重点林业领域的建设、管理和保护。贵州省共建有林业系统自然保护区 105 个，总面积 1345.9 万亩，保护了贵州省 90% 以上的自然生态系统，85% 以上的野生动植物物种。

同时，严厉打击在保护区开矿采砂、修路改水等违法行为，积极开展保护区综合科学考察和与科研院所的合作，不断加强对野生生物及其生存环境的保护，珍稀濒危野生动植物种群、数量、分布面积陆续增加。

贵州省麻阳河国家级自然保护区是国家一级野生保护动物黑叶猴的世界最大种群分布地，黑叶猴从 100 余只增加到近 1000 只，种群数量名列世界第一。同时，冷杉、秃杉、珙桐等被国家列入抢救性保护目录的濒危珍稀野生植物物种资源，也都得到了有效保护。

贵州的第一个“三年行动计划”，实现了满目青山皆绿色。

贵州的第二个“三年行动计划”，要实现绿水青山富百姓。

贵州的国土绿化脚步不会停滞，如果还有下一个“三年行动计划”，就应该要瞄准人与自然共和谐。

通过扩大国土绿化面积，加快推进保护体系建设，扩大自然保护区、森林公园的数量和面积，有效实施对野生生物及其生存环境的保护。以真正做到留下精华、保住珍贵，构建人与自然命运共同体，促进人与自然和谐共生。

生态文明发展观篇——

坚持绿水青山就是金山银山

绿水青山就是金山银山，阐述了经济发展和生态环境保护的关系，揭示了保护生态环境就是保护生产力、改善生态环境就是发展生产力的道理，指明了实现发展和保护协同共生的新路径。绿水青山既是自然财富、生态财富，又是社会财富、经济财富。保护生态环境就是保护自然价值和增值自然资本，就是保护经济社会发展潜力和后劲，使绿水青山持续发挥生态效益和经济社会效益。

生态环境问题归根结底是发展方式和生活方式问题，要从根本上解决生态环境问题，必须贯彻创新、协调、绿色、开放、共享的发展理念，加快形成节约资源和保护环境的空间格局、产业结构、生产方式、生活方式，把经济活动、人的行为限制在自然资源和生态环境能够承受的限度内，给自然生态留下休养生息的时间和空间。

——2018 年 5 月 18 日

习近平总书记在全国生态环境保护大会上的讲话

贵州百里杜鹃国家森林公园。 杨华 摄

案例一简介：

高海拔、低纬度、寡日照，良好的生态和独特的气候条件，成就了贵州茶叶的优质，也注定了茶会成为贵州“生态优先、绿色发展”的重要产业选择。

2006 年，贵州省委、省政府确定把茶产业作为重点发展的优势产业之一，通过退耕还茶、调整产业结构等举措，贵州茶由此开启了新时代。

截至 2019 年底，贵州茶园面积 700 万亩，连续七年居全国第一。全年茶叶产量 40.1 万吨、产值 451.2 亿元，茶产业辐射带动 356.1 万人，带动贫困户 34.81 万人，脱贫 17.46 万人。

黔茶出山，风行天下。2019 年，贵州茶叶出口突破 1 亿美元，自 2012 年起茶叶出口量连续八年持续增加，成为了贵州省第一大出口农产品。

茶园早春。 崔卿 摄

向世界献上一杯干净茶

——贵州省茶产业发展案例

“大家要喝没有污染的茶，就到贵州来。”

2019年全国“两会”期间，贵州省委书记、省人大常委会主任孙志刚在北京“递出”贵州茶的新名片，品质安全、绿色生态促使贵州茶走出山门、走向世界。

一杯贵州茶，何以香动天下？

干净无污染是贵州茶最核心的竞争力！

贵州作为全国茶园面积最大的省份，参照欧盟及日本标准，禁用农药120种，远高于国家标准的55种，贵州茶叶在农业农村部（原农业部）质量安全情况抽检中连续8年合格，居全国前列。

以茶相邀，彰显贵州深厚的生态自信——

自信源自贵州各族干部群众牢记嘱托、感恩奋进，把“两山论”化为生动现实和自觉行动。经过不懈努力，贵州的生态优势正转化成发展优势，以贵州茶为代表的绿色农产品已成为最生态的果实，赢得四海宾朋相邀品味。

生态自信，引领贵州蓬勃的发展自信——

“多彩贵州拒绝污染”这句如山承诺，让生态文明建设融入贵州全方位建设过程中，自觉推动绿色发展、循环发展、低碳发展，协调推进新型工业化、信息化、城镇化、农业现代化和绿色化，贵州定能走出一条经济发展和生态文明相辅相成、相得益彰的新发展之路。

贵州绿色农产品“猛虎出山”、贵州好滋味“风行天下”，不仅因为好山好水出好货，更是大扶贫大生态战略相统一、农村产业革命和生态文明建设相统一、百姓富生态美相统一的深刻体现，是贵州牢记嘱托、感恩奋进大乐章里的强劲旋律。

牢记守好发展和生态两条底线的殷殷嘱托，贵州用一场振兴农村经济的深刻的产业革命，托举贵州绿茶风行天下。

世界之茶 始于贵州

世界之茶，源自中国；中国之茶，始于贵州。

贵州，至今还留存着古茶树群落与世界唯一的茶籽化石。

在贵州省黔西南州晴隆县碧痕镇新庄村，一块刻有“茶籽化石发源地”字样的石碑，印证着贵州茶叶悠久的历史。

1980 年，在云头大山海拔 1700 米的深山老林中，发现了一枚四球古茶籽化石，把世界茶历史推进了一百万年以上。可惜这枚四球古茶籽化石没有意识，不然它会看见自己给这些云蒸雾罩的大山带来了怎样的巨变。

至此，世界茶树找到了源头，贵州被认定为茶树的发源地。

作为中国种茶、制茶和饮茶最早的地区之一，贵州茶的生产、加工、贸易、饮用、食用，历经风月洗礼，沉淀了千百年厚重的茶文化。

以茶待客——据《贵州古代史》记载：“在夜郎市场上，除了僰僮、筰马、髦牛之外，还有构酱、茶、蜜、雌黄、丹砂等商品，濮苗民族将烹煮技术运用于茶叶加工之中，使饮茶成为了古黔人民普遍的待客之道。”

茶香四溢——据陆羽在《茶经》里记载：“黔中生思州、播州、

毕节市大方县雨冲乡鹏银村明前茶采摘。 罗大富 摄

费州、夷州……往往得之，其味极佳。”唐朝时，贵州省茶种植业出现小农家庭单位种植，茶叶开始在贵州省境内销售；宋朝时，贵州省开始向朝廷进贡茶叶，贵州茶叶开始走出家门。

在清朝，贵州茶叶市场初具规模，贵定云雾茶、都匀鱼钩茶、金沙清池茶、开阳南贡茶、海马宫茶、都濡月兔茶等 20 余个地域名茶因作为贡茶被人们广为熟知。

贵州的漫漫茶马古道与盐茶古道，在岁月的深处诉说着历史沧桑。

为保护珍贵稀缺的贵州古茶树资源，在贵州省农村产业革命茶产业发展领导小组领导下，贵州省绿茶品牌发展促进会，贵州省茶文化研究会联合贵州省茶科所，贵州大学茶学院，贵州茶文化生态博物馆，古茶树集中连片地区的党委、政府等相关单位，组成“申遗工作小组”，正式启动“申遗”工作——

2019 年 6 月 27 日，2019 黔茶文化季暨第 13 届南明“黔茶飘香 · 品茗健康”茶文化系列活动开幕式上，贵州正式启动申报“全球重要农业文化遗产”项目。

未来 3 到 5 年时间，“申遗工作小组”将按照联合国粮农组织申报“全球重要农业文化遗产”相关要求，将古茶树生长地作为重要的农业生产系统，重要的文化和景观资源，丰富休闲农业发展资源，从文化性、活态性、适应性、复合性、战略性、多功能性、濒危性 7 个方面，进一步挖掘、保护、传承、创新利用，提升贵州茶文化软实力，增强贵州茶品牌市场竞争力。

贵州古茶树资源将逐步成为贵州茶产业之基、文化之脉、品牌之魂、基因之库。

中国之茶 独数贵州

截至2019年底，贵州茶园面积700万亩，连续七年居全国第一。

高海拔、低纬度、寡日照，成就了贵州茶叶的优质与独特。

很难想象，在全国独占鳌头的贵州茶，2006年茶叶种植面积仅102万亩，排名全国第11位，处境尴尬。

2006年，贵州省委、省政府确定把茶产业作为重点发展的优势产业之一，贵州茶由此开启种植面积扩展的新时代。

2007年，贵州省委、省政府出台《关于加快茶产业发展的意见》。不久，贵州省从市（州）到县（区），都各自出台了发展茶产业的意见，对于新建茶园给予相关补贴，并在水、电、路等方面给予政策扶持。

虽然起步晚，但顶层设计的科学性和可操作性，让贵州茶产业一路高歌，一年一个新台阶。到2013年，贵州茶叶种植面积达到了611万亩，跃居全国第一。

安顺市镇宁布依族苗族自治县瀑布毛峰茶基地。 镇宁县委宣传部 供图

经过12年努力，以铜仁、遵义为核心的武陵山区已成为中国绿茶新的“金三角”，在贵州省形成了黔东北、黔西北、黔东南、黔中、黔西南“五大产业带”。现有茶园面积在30万亩以上的县4个、20万至30万亩的县8个、10万至20万亩的县19个，贵州省注册茶叶加工企业（合作社）达到4990家，茶产业已成为43个县的农业主导产业。

2019年，贵州省委、省政府高度重视，将茶产业列为深入推进农村产业革命的12个重点特色产业之一，由省领导领衔推进。

根据《贵州省发展茶产业助推脱贫攻坚三年行动方案（2017－2019年）》，贵州将着力培育10个百万亩农业生态产业，打造一批现代农业示范区；加大茶园改造力度，着力建设全国优质茶园基地。

2019年3月，第11届中国·贵州国际茶文化节（茶产业博览会）宣传推介暨“我有贵州半亩茶”网络名人公益活动在北京拉开序幕；

同年4月，三集纪录片《黔茶》亮相CCTV10《探索发现》栏目，充分展示贵州源远流长的茶文化和丰富多彩的饮茶习俗；

春季“茶博会”、夏季“茶人会”、秋季“抹茶节”、冬季“斗茶赛”，贵州茶事活动贯穿四季；

“黔茶出山 · 风行天下”专场推介活动在北京、上海、南京、广州、西宁、济南、大连、济宁等地陆续开展，国内外3000多家茶叶采购和经销商参加了推介活动……

经过一年的努力，贵州茶叶出口实现跨越式增长，突破1亿美元大关。2019年，贵州茶叶出口突破1亿美元，自2012年起茶叶出口量连续八年持续增加。

经过十多年的努力，贵州春茶由原来30%产量创造70%产值，转变为40%产量创造60%产值，夏秋茶效益逐步显现，产品结构得到进一步调整。

两相对比，贵州茶业一年一个台阶，步履稳健。

规模、生态、品质、加工、品牌等多重优势的叠加，让贵州茶产业释放出前所未有的红利。

一杯干净茶　来之不易

“生态”“优质”“干净”是贵州茶最显著的特征。

2018 年首届中国国际进口博览会上，中国工程院院士陈宗懋点赞道：“贵州茶叶干净安全，大家放心喝。”

作为全国唯一低纬度、高海拔、多云雾、无污染的全境高原茶区，贵州拥有茶树生长最优越的地理气候条件。

在此基础上，贵州茶更以“绿色”为底，坚守“干净”底线。

如果用一个字概括贵州茶山盛况，一个“抢”字最恰当。

从 2019 年农历正月开始，全国各地的茶商蹲守贵州各茶区“抢”茶的新闻屡见不鲜。

英国太古集团经过多年考察，最终把茶叶基地建在贵州思南；立顿与遵茶集团联手打造遵义红、遵义绿茶产品；浙茶集团正在谋划入驻贵州；福建、湖南、浙江的茶老板多年来每逢早春都会到贵州茶园“蹲守”茶原料……他们看中的就是贵州茶园的“干净”。

“干净”的原料出自最生态的茶园——

贵州参照欧盟及日本标准，在国家茶园禁用农药 55 种的基础上，提高到 120 种，在全国率先禁用水溶性农药及草甘膦。

依托贵州大学宋宝安院士团队、贵州省茶叶研究所植保团队、贵州省植保植检站等专家技术力量，研究集成以生物防治和物理防治相结合的茶园病虫害绿色防控技术，推广面积320.5万亩，占茶园总面积的42.6%。

湄潭、凤冈、正安、松桃、雷山、思南、普安、余庆、瓮安等9个县成功创建“国家级出口茶叶质量安全示范区”，占全国示范区总数的四分之一。

60家企业上线的省茶叶质量安全云服务平台运行正常，121家企业录入贵州省农产品质量安全追溯系统。

目前，贵州省在有效期范围内的“三品一标”茶园认定面积达到630万亩。其中：无公害587万亩、绿色11万亩、有机32万亩。

生态安全，无异于贵州茶核心竞争力——

2010年至2018年，贵州省农业农村厅（原贵州省农业厅）在贵州省抽查茶叶样品1809个，全部由贵州省农产品质检中心开展农药残留检测，合格1809个，合格率100%。

2012年至2019年，农业农村部（原农业部）每年两次到贵州抽检茶叶，每次抽检20个茶叶样品，统一送农业农村部茶叶质量监督检验测试中心进行20余项农药残留检测，连续8年检测全部合格，位列全国前列。

2018年，贵阳海关开展出口茶叶农残风险监测，全年抽取茶叶样品33个，得到528个检测结果，合格率100%。贵州出口茶叶未收到国外不合格通报。

2019年上半年，贵州省市场监管局检测茶叶及制品1321个，全部合格，合格率100%……

从管理到保障，从建设到创新，“放”“管”兼施、“种”“养”并重，张弛之间，贵州茶走出国门——为世界献上一杯“绿色至上”的干净茶。

贵州省铜仁市松桃苗族自治县正大镇茶园采摘秋茶。 龙元彬 摄

手捧茶青，贵州要为世界献上一杯“绿色至上”的干净茶。 贵州省林业局 供图

案例二简介：

2017年8月，贵州成为“全国全域旅游示范省创建单位”。以建设山地旅游大省、打造国际山地旅游目的地为目标，贵州探索“全景式规划、全季节体验、全社会参与、全产业发展、全方位服务、全区域管理”的全域旅游发展路径。

如今，贵州拥有5处世界遗产地，11个国家级自然保护区，18个国家级风景名胜区，30个国家级森林生态试点、林木花卉公园，45个国家级湿地公园（含试点）。

2018年，贵州接待游客9.69亿人次，实现旅游总收入9471.03亿元，连续三年增长率超过30%，成功跻身中国旅游第一方阵……2019年，贵州接待入黔游客人次、旅游总收入均增长30%以上。贵州在全国旅游业异军突起，在业界塑造了独特的“贵州现象”。

位于贵州省六盘水市盘州市的东盟国际会议中心东盟十国国际别墅酒店。

贵州省林业局 供图

向往的诗和远方

——贵州省全域旅游发展案例

贵州，中国的一个“宝贝”。

这里是山的王国，因山而名、因山而特、因山而灵。

贵州之贵在山地。92.5% 的国土面积为山地和丘陵，是典型的喀斯特地貌。这里苍山如海、万峰成林，溶岩飞瀑、河道纵横，大自然的鬼斧神工造就了青山如屏、水鸣如琴、别有洞天的山形水貌，被称为“山的王国”“水的世界”。

贵州之美在山地。万峰林“磅礴千里，西南形胜”，梵净山雄奇纯净，美轮美奂，大娄山“苍山如海，残阳如血”，黄果树大瀑布水雾缥缈、神奇壮丽，荔波樟江清秀妩媚、旖旎多姿，织金洞形态万千、如梦如幻，百里杜鹃花开似海、异香满山……

贵州之特在山地。千百年来，贵州各族先民依山就势、逐水而居，山地环境孕育了观音洞文化、夜郎文化、土司文化、屯堡文化、沙滩文化、奇石文化等传统特色文化，形成了天人合一、道法自然的山地文明。

绝美的山地，让贵州登上世界的舞台。

2007 年，荔波县以典型的锥状喀斯特地貌特征引领“中国南方喀斯特”步入世界自然遗产殿堂。赤水丹霞因“色如渥丹，灿若明霞”而命名，2010 年，成为贵州第二个世界自然遗产地。

2014 年，贵州施秉云台山因其白云岩喀斯特的“全球唯一性”和“不可比拟的自然美”列入世界自然遗产名录。

2015年，作为“当今中国乃至亚洲保存完好的中世纪城堡遗址”，贵州遵义海龙屯遗址列入世界文化遗产名录。

2018年，贵州梵净山以其丰富的生物多样性特征，成功申报世界自然遗产。至此，贵州成为我国世界自然遗产数量最多的省份。5张世界名片，熠熠生辉。

律动的现代文明，贵州山水尽显天人合一之贵。

道法自然、师法自然的古老哲学理念，内植于贵州人的思想中，外化于贵州人的生产生活方式上，让山地公园在现代文明中绽放别样风采。

依山就势的山地城镇、镶嵌山间的美丽乡村、各具特色的山地产业，阡陌繁华中彰显着山的质朴、水的空灵，在现代文明中弥足珍贵。醉美山水正在铺就一条百姓富、生态美的绿色发展之路。

澎湃的好客基因，贵州旅游占尽天时地利人和。

17个世居少数民族在这里创造出“一山不同族、十里不同俗”的民族文化奇观，就如白酒的烈，贵州文化的共通点，便在于热情。

旅游服务的追求没有终点，开展“痛客行”活动，严厉打击“黑导”“黑车”“黑社”和强制游客消费等违法违规行为；

以大数据为手段，提升旅游监管服务现代化、智能化水平；

加强旅游景区建设、打造新派黔菜和特色小吃、开发文创旅游商品、打造“流光溢彩夜贵州”新名片，丰富旅游供给，实现旅游消费升级；

执行实施避暑优惠政策，全力以赴搞好服务保障……

让游客享受“顺心、安心、放心、开心、称心、舒心”旅程！

贵州省黔东南苗族侗族自治州榕江县摆贝苗寨林中盛典《古老的传说》。

吴德昌 摄

进入世界顶级旅游推介榜单
山地公园省志在征服世界游客

2019 年 10 月 22 日至 25 日，13 个阿拉伯国家及国际组织驻华使节组团对贵州进行了为期 4 天的访问，贵州的山地美景和民族风情令他们赞叹不已，不同语言的溢美之词不绝于耳——

在黄果树景区，飞瀑直下似天河的壮观、水花四溅如碎玉的决绝，给大使们留下了深刻印象。

阿拉伯国家驻华使节团团长、阿曼驻华大使阿卜杜拉·萨阿迪一再表示，这样的景色在阿拉伯国家极为罕见，回去后会把贵州美景宣传给阿拉伯游客。

在郎德苗寨，秋雨微凉，一杯米酒暖心窝；贵客进门，一首苗歌唱起来……大使们喜欢酒的醇香、歌的动听，更喜欢灿烂多彩的文化、真挚热情的人民。

“郎德苗寨基础设施完善，兴起了旅游业，让身处大山的村民享受到现代文明的同时，也保存了淳朴的民族风情。”约旦驻华大使胡萨姆·候赛尼一个劲地说，自己“被迷住了心”。

第一次来贵州的科威特驻华大使赛米赫·哈亚特，则像“灰太狼”一般，斩钉截铁地说：“我一定会回来的！”

征服世界游客，这不是贵州的第一次——

2015 年，首届国际山地旅游大会召开后，贵州大力宣传推介，将山地美景推上世界舞台。法国体育局官员塞尔吉·高宁，前后 15 次到过贵州，对贵州的山地旅游资源赞不绝口：“贵州有着丰富的自然、人文资源，这里的山区景色令人觉得不可思议。”

2016 年，美国《纽约时报》珍而重之地告诉世界：贵州的苗寨和侗寨保留了不紧不慢的舒适节奏和最淳朴的真实感，是 2016 年全球最值得到访旅游目的地之一。

2017 年，“山地公园省·多彩贵州风”全球旅游推介会在美国纽约曼哈顿联合国总部大厦成功举行。多彩贵州的山地美景，引起世界的关注。

丹麦日月国际集团公司总裁里拉·刘策划组织了丹麦旅游团走进贵州。让里拉·刘意想不到的是，“一个团里有一半的游客是故地重游”。“茅台、岜沙、原生态的村寨……”当丹麦游客带着激动语气吐出这些词汇的时候，里拉·刘更加坚信了贵州山地旅游产品的潜力。

2018 年，贵州开展境外营销和宣传推介活动 14 场次，“山地公园省·多彩贵州风”品牌的国际影响力和业界知名度得到进一步提升。

2019 年 10 月，世界顶级旅行指南出版商 Lonely Planet（孤独星球）公布 2020 全球最佳旅行目的地榜单，贵州榜上有名，成为我国唯一的入选地。

凭借着山地美景，贵州一次又一次进入世界顶级旅游推介榜单。

因为这里，有享誉世界的山地美景：荔波森林喀斯特、赤水丹霞、施秉云台山、铜仁梵净山先后被列为世界自然遗产，历经数十亿年，时光堆积的万千姿态，让世人惊叹。

因为这里，有充满神秘的未知地带：贵州省共普查出 8.27 万处旅游资源，其中尚未开发的达 5 万余处，奇峰、异谷、溶洞、湿地、温泉遍布贵州全境。

因为这里，有热情洋溢的文化风情：17 个世居少数民族在这里繁衍，“一山不同族，十里不同风，百里不同俗”，让这里享有“文化千岛”“民族生态博物馆”的美誉。

山地公园省享誉世界，四海游客纷至沓来。

征服世界游客，贵州还有惊喜。

绿色鸳鸯湖，贵州省黔南布依族苗族自治州荔波小七孔。 熊亚平 摄

14 年不间断的旅发大会 贵州举全省之力推动旅游井喷

2019 年 9 月 28 日至 29 日，第十四届贵州旅游产业发展大会在织金县举行。盛会落幕，织金旅游喜算丰收账——

平远古镇惊艳亮相，织金洞景区、九洞天景区提质升级，乌江源百里画廊水上旅游新线路推向市场，花都里·化屋精品民宿备受旅游市场青睐……织金旅游从“织金洞”出发，向多品牌的全域旅游目的地升级。

收获的时候，回望是对成长路程的最好礼物——

放眼贵州，毕节市织金县的旅游起步颇早。

1984 年，只有一条简易小道和简单照明灯具的织金县“打鸡洞”走上旅游发展之路，后来以“织金洞”的新名字在 1988 年被评为全国风景名胜 40 佳，有“天下第一洞”之美誉。

轰动几年后，织金洞到访游客、旅游收入，却被在其前后开发的广西冠岩、湖南黄龙洞、云南阿庐古洞等远远甩在身后。

织金洞的困境也是曾经整个贵州旅游的困境，旅游资源优良，但囿于区域经济社会的总体落后，囿于交通等基础设施的薄弱，很长一段时间里，贵州旅游业在全国的位次一直徘徊在后列。

贵州旅游要突破困局，路在何方?

2003 年，第一届四川旅游发展大会在乐山市峨眉山举行，将乐山市旅游发展水平向前推进了 5 到 10 年。贵州从中找到了旅游业赶超发展的最优路径。

2006 年，贵州以省委、省政府的名义举办首届贵州省旅游产业发展大会，承办地定在安顺市黄果树大瀑布景区。

黄果树大瀑布景区成为当年贵州省建设重点。贵州省旅游发展专项资金和发改、财政、住建、交通、水利、林业、环保、文化、民宗、扶贫等部门项目资金共同投入，集中解决了黄果树大瀑布景区旅游业发展中的一系列重大问题，当地基础设施、景区、配套服务设施等方面得到极大提升。

办一届旅发大会，促进一方发展。资料显示，首届贵州省旅游产业发展大会召开当年，黄果树风景区游客接待量突破300万人次。创造了黄果树有史以来游客接待量的新纪录。此后，黄果树的游客接待量更是连年快速增长，迎来了属于黄果树的“高光时刻”。

基础设施建设的大幅度提升，是旅游产业发展大会给举办地的丰厚馈赠——

第二届贵州旅游产业发展大会则在黔南州荔波县举办。大会准备期间，荔波县在6个月内完成了19个建设项目2亿多元投资。6个月时间里，荔波县城及各个景区，基础设施大变样。

第六届贵州旅游产业发展大会让黔西南州兴义市城市中心区面积从过去的22平方公里扩大到73平方公里，为建设黔滇桂三省区结合部百万人口城市奠定了坚实基础。

第八届贵州旅游产业发展大会，助推六盘水市从“江南煤都”到“中国凉都”的整体转型，城市综合竞争力大幅提升。

从2006年至2019年，14届旅游产业发展大会，贵州旅游迎来14次丰收——

2006年，安顺黄果树，“一棵树”老招牌呈现新面貌；2007年，荔波小七孔，绿宝石拂去尘埃熠熠生辉；2008年，黔东南西江，“天下西江”名扬天下，四海客至……

14年，14届。历经多任贵州省委、省政府主要领导，强有力的政府主导和政策连续性，凝聚起推动贵州旅游业跨越发展的磅礴力量，产生了“保护一方山水、传承一方文化、促进一方经济、造福一方百姓、推动一方发展”的综合效应。

在旅游产业发展大会的托举下，贵州省接待旅游总人数与旅游总收入保持持续高速增长的态势。旅游人数从2005年的3127万人次，增长到2018年的9.69亿人次；旅游收入从2005年的254亿元，增长到2018年的9471.03亿元。

旅游业已成为贵州重要的支柱产业之一，旅游经济总量进入全国前列。

生态文明贵阳国际论坛2017年年会上，中瑞对话“山地旅游•绿色发展”论坛现场。
贵州省林业局 供图

探索下一个旅游"爆款"
贵州森林旅游大有可为

2019 年 2 月，国家林业和草原局发布《关于山西太行洪谷等 77 个国家级森林公园总体规划的批复》，原则上同意贵州赤水竹海国家森林公园的总体规划。

作为贵州省最为知名的国家森林公园之一，赤水竹海国家森林公园早在 1993 年就获得了国家林业部的批准设立，成为我国最早一批挂牌的国家森林公园，并在 2010 年完成了《贵州赤水竹海国家森林公园总体规划》。

为什么又要重新设计总体规划并报批?

答案是为满足旅游业的持续发展，贵州必须寻找更多的"潜力"和"爆款"，森林旅游作为下一个风口，必须全面提质升级!

近年来，贵州大力推进旅游产业发展，旅游持续井喷，森林旅游更是成为备受欢迎的“爆款”，成为了贵州省推动经济转型发展的重要抓手、决胜脱贫攻坚的有效路径。

但随着森林旅游目的地游客量的激增，景区内的旅游基础设施和服务设施落后、游赏项目单一、生态资源和森林文化内涵缺失等问题日益显现。

如果不进行重新规划建设，就无法满足未来的发展需求，甚至会影响现在的旅游体验和贵州的旅游形象。贵州森林公园等旅游目的地的提质升级工程势在必行。

以赤水竹海国家森林公园为例，该公园年接待游客量从 2009 年仅 9 万多人次，增加到 2017 年的 149 万人次，是 2009 年的 16.5 倍。公园的招待服务设施建设明显滞后，公园内仅有零星农户自营住宿设施，仅能提供简单的餐饮服务，旅游项目仅限于山水观光，远远

贵州省六盘水市水城县野玉海国际旅游度假区，山花烂漫。 敖波 摄

不能满足公园全面开展森林旅游活动的要求。

按照此次批复同意的总体规划进行建设后，赤水竹海国家森林公园将形成融山水观光、康养休闲、修身养性、文化体验、科普宣教、资源保育等多种旅游功能为一体的景区。而规划的实施，又将极大地优化生态景观、改善基础配套设施。建设完成后，年接待游客量可达 400 万人次，年均旅游总收入也将从 2017 年的 1.6 亿元提升至 4 亿元。

贵州素有“公园省”美誉，拥有荔波喀斯特、赤水丹霞、施秉云台山、铜仁梵净山四处世界自然遗产，是我国拥有世界自然遗产最多的省份。

贵州拥有国家级森林公园生态公园试点、林木花卉公园 30 处、国家级湿地公园达到 45 处、国家级地质公园 10 处、国家级风景名胜区 18 处，各类国家级自然保护地总数达 114 处。

这些是贵州的绿水青山，更是贵州的金山银山。赤水竹海国家森林公园只是排头兵，贵州省森林旅游景区的提质升级将持续大力度推进。

下一步，贵州省将不断开发打造新的森林旅游景区景点，在森林植被良好、景观资源丰富、生态环境优越、文化底蕴深厚的区域，建设森林公园、湿地公园、城郊公园。同时，不断提升基础设施，提高森林旅游景区信息咨询、线路设计、交通集散、实时信息推送等智能化旅游服务建设。

把绿水青山真正变成金山银山，让森林富集区变成优美的生态区、靓丽的风景区、惠民的致富区。

贵州省江口县森林旅游体育项目。 李铭亨 摄

飞越丛林，森林旅游探险项目。 龚小勇 摄

案例三简介：

林下经济，是依托森林资源和林地空间，在不破坏森林生态系统和森林资源的前提下，发展林下种植、林下养殖、相关产品采集加工和森林景观利用等，达到经济社会发展与森林资源保护双赢的一种生态经济发展模式。

聚焦深度贫困地区，贵州大力发展林下经济。2019 年，贵州省林下经济发展面积达 2048.84 万亩，产值 220 亿元，分别比 2018 年增长 13% 和 36.65%，带动 48.9 万贫困人口增收，林下经济发展呈现良好态势。

梨树林下套种花生，以短养长带动脱贫。 贵州省扶贫办 供图

山中林下地生金

——贵州省林下经济产业发展案例

截至2019年底，贵州森林面积达到1.55亿亩，森林覆盖率达到59.95%，为耕地面积的两倍以上，在人多耕地少的山区、林区，什么样的产业能在短时间内产生较大的经济收益，有效助推脱贫攻坚？

答案是——林下经济。

为此，贵州以市场为导向，以促进农民增收为目标，聚焦深度贫困地区，突出区域特色、精准选择产业、整合资源要素、完善利益联结，加强科技服务、政策扶持和督查指导，促进林下经济向集约化、规模化、标准化和产业化发展，实现农民收入和森林资源质量“双提升”。

2019年6月，贵州省委十二届五次全会召开，“大力发展林下经济”成为了贵州深入推进农村产业革命的五大重点任务之一。

“狠抓全会精神落实，贵州省林业局及时开展了贵州省林下经济调研，印发了《聚焦深度贫困地区发展林下经济助推脱贫攻坚实施方案》，启动了省级林下经济项目，编印了《贵州省林下种养项目推广指南》，运用‘八要素’，努力走出一条发展林下经济的新路，贵州省林下经济发展呈现良好态势。”贵州省林业局党组书记、局长张美钧说。

在林下种植方面，贵州初步形成了林药、林菌、林果、林茶等林下复合种植模式，有太子参、天麻、黄精、重楼、竹荪、冬荪等主要品种。林下养殖方面，主要有林下土鸡、绿壳蛋鸡、猪、牛、羊、蜜蜂。林产品采集加工方面，主要有竹藤编织、松脂、竹笋、食用菌、林下药材、野菜、蜂蜜等。在森林景观利用方面，以贵州省 97 个森林公园、120 个自然保护区、54 个湿地公园为重点，结合林下种植养殖、林果种植，大力发展观光旅游、休闲度假、森林康养，通过森林人家、林家乐带动乡村旅游发展。

2019 年，贵州省建设了林下经济示范项目 42 个，贵州省林下经济面积达到 2048.84 万亩，产值达到 220 亿元，分别比 2018 年增长 13% 和 36.65%，带动 48.9 万贫困人口增收。

要在顶层设计上取得突破——加强对贵州省林下经济发展研究，找准制约林下经济发展的瓶颈症结，制定切实可行科学合理的发展规划和政策措施，明晰各部门发展责任，营造起齐抓共建的发展氛围。

要在基地建设上取得突破——集中各类要素在“9+3”县（区）打造林下经济示范区，2020 年再建设一批省级林下经济种养殖示范基地，贵州省林下经济规模达到 2200 万亩，带动 15 万贫困人口增收。

要在发展模式上取得突破——结合国储林项目，将林下种植养殖业与森林旅游、康养等景观利用型服务业融合起来，形成集环保、高效、可持续为一体的林下经济复合生产经营体系。

要在利益联结上取得突破——继续完善林下经济项目财政资金量化到户，入股保底分红、效益分红以及林地流转或入股收益、劳务收益的实现机制，促进龙头企业、合作社、贫困户形成紧密的共同体，明确贫困户在产业发展各个环节上的利益分配，带动贫困户持续稳定增收。

贵州省黔东南苗族侗族自治州丹寨县排洞镇甲石村林下养蜂基地。 杨武魁 摄

科学规划让林下生金有支撑

任何产业的持续健康发展，都离不开强有力的政策支持，2012年以来，一系列林下经济政策举措的出台，让贵州郁郁大山焕发勃勃生机，成为“绿水青山就是金山银山”的生动诠释。

2012年，国务院办公厅印发《关于加快林下经济发展的意见》（国办发〔2012〕42号），提出围绕科学规划林下经济发展、推进示范基地建设、提高科技支撑水平、健全社会化服务体系、加强市场流通体系建设、强化日常监督管理、提高林下经济发展水平等七大主要任务，努力建成一批规模大、效益好、带动力强的林下经济示范基地。《意见》的出台，为全国林下经济发展奠定了政策基础，指引了发展方向。

2013 年，贵州省出台《关于加快林下经济发展的实施意见》，从财政、信贷、税费优惠等方面入手，进一步细化政策措施，为发展林下经济提供了有力的经济支撑。

《意见》明确，加大对林下经济的财政投入和信贷支持力度，落实税费优惠政策，大力发展特色林产业，推进林产品精深加工，建设林产品流通体系，重点扶持一批龙头企业和林业专业合作社，力争到 2015 年，贵州省林下经济发展到 1200 万亩，年产值 140 亿元以上。

2019 年，是决胜全面建成小康社会和打赢脱贫攻坚战的关键之年。为贯彻落实贵州省委十二届五次全会和省委主要领导关于大力发展林下经济指示精神，助推贵州省决胜脱贫攻坚，贵州省林业局

出台了《关于聚焦深度贫困地区发展林下经济助推脱贫攻坚的实施方案》，聚焦贵州深度贫困县林下经济发展。

16 个深度贫困县，成为了“林下经济”新的主阵地——

《方案》中指出，2019 年贵州将以 16 个深度贫困县、20 个极贫乡镇、2760 个深度贫困村为重点，建设规模适度、管理规范、特色突出、效益明显的省级林下经济示范基地，通过示范带动，实现贵州省林下经济规模达到 2000 万亩，产值达到 210 亿元。

《方案》明确，2019 年到 2020 年，贵州将重点发展短平快的林禽、林蜂、林药、林笋、林菜六种林下种养模式，坚持项目化推进，项目集中安排在 16 个深度贫困县和 20 个极贫乡镇，精准覆盖建档立卡贫困户。

贵州省龙里县谷脚镇刺梨产业示范园区，林下养鸡。 贵州省委宣传部 供图

林下经济让国有林场焕发新活力

走进贵州省安顺市紫云苗族布依族自治县国有浪风关林场，漫山松林下，大球盖菇、林下生态蛋鸡、林下养蜂等“短、平、快”产业从山脚向山顶延伸，蔚为壮观。

“我们的大球盖菇已经种下去20多天，再过一个月左右就可出菇，经济效益可观。”站在林场山顶，林场负责人王从军俯瞰，大球盖菇种植基地覆盖上稻草和松针，工人忙着除去杂草。

据了解，大球盖菇每亩年产量达5000斤至6000斤，按照每斤2.5元，每亩年产值可达1.25万元以上，让昔日杂草丛生的林下山地焕发生机。

大球盖菇是紫云自治县国有浪风关林场发展林下经济的主要产业。2019年7月，该县充分发挥国有浪风关林场优势，着力打造林下经济样板，通过多方考察，引进深圳优纤贝集团，由该公司和紫云自治县平台公司——紫云鸿顺林业生态投资开发有限公司进行合作，优纤贝集团负责技术、管理、市场销售，采取“龙头企业+平台公司+合作社+农户”运营模式，国有浪风关林场提供资源组织实施，村级合作社具体负责协调工作，建档立卡贫困户利用产业到户、资金入股分红、投工投劳、参与管理等方式实现利益联结。

如今，大球盖菇种植面积达千亩。全面投产后，年产值将达上千万元。按照两亩利益联结1户贫困户的利益联结机制，明确贫困户在产业发展各个环节上的利益分配，确保贫困户稳定获得收益，可带动五峰街道、松山街道、城东街道和易地扶贫搬迁贫困户500户户均增收3640元，1750人脱贫增收，有效解决两个街道办易地扶贫搬迁贫困户后续就业问题。

同时，发展林下生态鸡，共建设鸡棚200个。目前，已养鸡4.4万羽。

按照每棚利益联结1户贫困户，可带动贫困户200户户均增收4200元，700人脱贫增收；300余箱中蜂养殖中，按10箱利益联结1户贫困户，可带动30户农户户均增收5600元。

紫云自治县林业局局长金家顺说，为高质量打赢脱贫攻坚决战，以林场为龙头带动，连接村级合作社，利益联结贫困户，紫云苗族布依族自治县闯出一条“场村联动、示范带动”的林下经济助力脱贫攻坚新路。

金家顺表示，该县林下经济发展周期短、见效快的短平快林下产业，积极搭建产销对接平台，为民提供有效就业岗位，因地制宜建立林下经济产品流通体系，不断优化林下经济产品流通渠道，畅通林下产品销路。同时，从事林下种植、养殖等立体复合生产经营，使农林牧各产业实现资源共享、优势互补、循环相生、协调发展的生态农业模式。

紫云自治县以国有浪风关林场为核心，辐射带动12个乡镇（街道）233万亩林地发展壮大林下经济，计划发展林下蜂3万箱、林下鸡50万羽、林下菌3000亩。

截至2019年底，该县已发展养蜂点130个，养蜂2万箱，建设完成千余亩林下食用菌示范种植，发展林下鸡养殖40余万羽，逐步向“村村有脱贫产业、户户有增收项目、人人有脱贫门路”的目标迈进。

而紫云自治县“场村联动，林下生金”的典型模式，也为贵州省国有林场改革助推脱贫攻坚探索了新的发展路子。

贵州省铜仁市玉屏侗族自治县的油茶林下养鸡。 姚林屏 摄

林下经济让传统养殖更富农户

2018 年底，贵州散养土鸡零售价格达到 150 元至 200 元一只。

对贫困户来说，一年养 100 只鸡，除去各种成本，当年就有 1 万元的纯收入。可以实现当年投入、当年脱贫。

效益可观，百姓普遍有养殖习惯，为何林下养鸡过去在贵州不能成为规模化、标准化的产业?

“不敢养多，惹到鸡瘟就完了，多了也卖不出去。养鸡要天天守着，不出去打工日常开支哪里来？”贵州省安顺市西秀区刘官乡大黑村村民梁昌海说。

怕养不好、怕卖不出、怕回本慢。

梁昌海说出了农民的“三怕”，也点出了贵州发展林下养鸡的痛点。

“痛点就是突破点，把老百姓的后顾之忧都解决了，产业才能活。”安顺市金鸡农庄生态农业发展有限公司董事长金杰说。

2016年开始，金鸡农庄探索实施“托五放七”和“七统一一回收”发展模式，即雏鸡由金鸡农庄托管5个月后交给农户养殖7个月，养殖期间公司统一鸡苗、统一防疫、统一饲料、统一培训、统一管理、统一保险、统一品牌，达到标准的鸡蛋和出栏鸡公司负责保价回收。

怕养不好的问题解决了——

雏鸡生长的前5个月是禽流感和其他疫病高发期，公司掌握技术，由公司托管雏鸡进行脱温和免疫，可以有效避免雏鸡染病死亡，存活率达到92%以上。

统一鸡苗、统一防疫、统一饲料、统一培训、统一管理，又能够保证鸡的健康生长和产蛋率，保证鸡蛋和出栏鸡的重量和品质达标。

怕卖不出的问题解决了——

农户可以根据市场价格决定如何销售鸡蛋和鸡。若市场价高，农户可选择自由出售；若市场价低或收购数量少，则由金鸡农庄按照1.2元/个鸡蛋、46元/只鸡的价格兜底回收。

怕回本慢的问题解决了——

公司托管5个月后，母鸡进入产蛋期，交到农户手上可以立刻产蛋带来收入。

当养殖风险、资金风险、市场风险都有效降低，农户发展林下养鸡的积极性也就有了。

2019年3月，梁昌海从金鸡农庄买了3000只鸡，在大黑村的梨树林下饲养。5个月过去了，梁昌海的林下鸡平均每天产蛋1500枚，平均每天600元的收益，已经为他带来了9万元的收入。“再过两个月，就可以卖鸡了，这一轮下来可以挣30多万元。”

而贵州省黔东南苗族侗族自治州剑河县岑松镇则探索出了“双零”林下鸡养殖模式。

岑松镇展亮村林下养鸡基地负责人邬能勇回忆，2016 年剑河小香鸡滞销，让当地贫困户一度十分抵触养鸡。

但现在，基地养鸡规模迅速扩展到了 1.5 万羽，覆盖贫困户 2337 人。

短短三年，鸡从滞销到扩大规模再生产，剑河县是如何做到的？

邬能勇道出了提振农民信心的关键：“通过‘双零’模式，降低贫困户在养殖过程中的风险。”

“双零”模式是指：基地向贫困户免费提供统一的鸡苗、饲料和技术指导，贫困户按照标准饲养 150 天后，基地按每羽 10 元纯利润进行回收，贫困户实现零投入、零风险。

解决发展难点和痛点，贵州的林下养殖产业，在龙头企业的带动下，通过各种举措降低百姓养殖风险，从而助推了产业规模做大。

林下产业示范让脱贫攻坚有新路

近年来，贵州省黔东南苗族侗族自治州天柱县始终把解决好“林业、林区、林农”问题作为林下经济发展的切入点，依托“国家林下经济及绿色产业示范基地”和“国家林下经济脱贫攻坚试验区”两块牌子，大力发展林下经济，培育发展企业 22 家、合作社 135 家、大户 110 户，通过推广“龙头企业（合作社）+ 基地 + 农户（贫困户）”等模式，推动林下经济产业紧扣脱贫攻坚蓬勃发展。

2019 年，天柱县林地面积有 50.2 万亩用于发展林下经济，产值达 8.18 亿元，覆盖贫困户 2.88 万户 10.87 万人，人均增收 1100

元以上，实现了生态保护与产业发展双赢局面。

“今年是养鸡以来赚得最多的一年，不只是土鸡价格好，连鸡蛋价格也比往年涨了一倍。我带动的 12 户贫困户，每户差不多年收入都能达到 7 万至 8 万元。”天柱县白市镇地样养殖专业合作社负责人袁再安说起土鸡销售行情高兴之情溢于言表。

据了解，为找准一个见效快、易发展的产业来助推脱贫攻坚工作，实现产业覆盖全县精准扶贫对象，天柱县用森林优势大力发展生态土鸡主导产业，出台了《天柱县土鸡产业助推脱贫攻坚实施方案》，以县农投公司为平台大力发展土鸡产业，‘凤 99’油茶生态鸡于 2018 年 11 月荣获国际森林博览会优质产品金奖。

贵州省黔东南苗族侗族自治州丹寨县排洞镇排晒村，村民在林下种植中药材天门冬。 杨武魁 摄

2019年上半年，天柱县出栏林下生态土鸡273万羽，计划全年出栏500万羽，带动1300户贫困户增收脱贫。鸡饲料加工厂、年屠宰3600万羽的屠宰场及冷链物流配送中心等项目正有序推进。

“2019年竹节参最低行情200元/公斤，每亩收入6万元以上。杭州、湖北、上海等地客户都在打电话向我订购。”正是秋收的季节，天柱县坪地镇八阳村的中药材基地负责人姚元栋对药材销售的市场前景非常有信心。

据了解，天柱县利用自然资源优势，通过“公司+基地+农户”生产经营模式，大力发展中药材产业。天柱县以钩藤、黄精等品种为主导的中药材种植面积达1.9万亩。未来，该县还将不断扩大中药材产业发展，走出一条绿色发展助力脱贫攻坚的新路子。

为强力推进深度贫困县发展林下养鸡产业，贵州省农村产业革命生态畜牧产业发展领导小组印发了《聚焦深度贫困县发展生态鸡产业助推脱贫攻坚实施方案》，并与贵州省15个深度贫困县逐一签订工作责任书。

方案明确，根据深度贫困县产业发展需要，立足区域资源实际，贵州省将在从江、剑河、正安、紫云、三都、罗甸、锦屏、榕江、沿河、赫章、纳雍、威宁、水城、册亨、望谟15个深度贫困县的105个乡镇发展生态鸡养殖，力争到2020年，带动建档立卡贫困户1万户4万人以上实现脱贫。

方案还提出，各地要充分发挥生态鸡养殖龙头企业的带动作用，大力推进“龙头企业+合作社+农户”组织方式，按照“村社合一”要求建立建强生态鸡养殖专业合作社，实现合作社对所有建档立卡贫困农户的全覆盖。

贵州省黔东南苗族侗族自治州从江县三江镇小江村林下黑木耳种植示范基地。
杨晓海 摄

案例四简介：

作为“中国十大竹乡”，贵州省遵义市赤水市不仅孕育了种类丰富的竹类资源，更是西南地区最大竹材产区。2019 年最新数据，赤水市竹林面积达 132.8 万亩，人均竹林面积达到 6.6 亩，拥有各类竹类加工企业 375 家，其中规模以上企业 19 家。

2018 年，赤水市竹产业综合收入达 53.2 亿元，占 GDP 总量 50% 以上。从卖原竹到卖竹制品、竹商品再到卖竹风景。赤水，因竹而富。

当前，贵州正大力发展竹产业，着力打造赤水河、清水江、大娄山和武陵山“两水两山”四大竹产业带。计划到 2021 年，竹林基地面积达到 500 万亩，产值达到 130 亿元，带动竹区群众受益增收、脱贫致富。

贵州省遵义市赤水竹海国家森林公园景观。 刘朝富 摄

漫山竹林成“脱贫”奇兵

——贵州省赤水市竹产业发展案例

遵义市赤水市位于贵州省西北部，赤水河穿境而过，奔流不息，直下长江，见证了两场艰苦卓绝而意义重大的“突围”。

1935 年 1 月，中国工农红军长征到达赤水，揭开“四渡赤水”战役序幕，以 3 万多人的兵力在境内与数倍于己的川黔军浴血奋战，分别从土城、元厚等地第一次渡过赤水河，突破敌军重围进入川南，赢得战役主动权。

2012 年，贵州省遵义市赤水市被列入乌蒙山集中连片特困地区。2014 年，一场脱贫攻坚战役在赤水河畔拉开帷幕，该市各级干部和数十万群众投入脱贫攻坚主战场，横下一条心，誓要摆脱贫困重围，让老百姓过上好日子。

2017 年 11 月，国务院扶贫办公布全国首批脱贫摘帽的贫困县，赤水市以贵州省和乌蒙山集中连片特困地区首个脱贫出列县位列其中。2014 年至 2016 年三年间，赤水市累计减少贫困人口 7766 户 24865 人，贫困发生率由 14.6% 降至 1.43%。在国务院组织的第三方验收中，取得了错退率 0.25%、漏评率 0.33%、群众认可度 94.67% 的好成绩。

山多地少、坡陡路差，赤水市如何变劣势为优势，在脱贫攻坚这场战役中一马当先成功突围？

依竹而农，20 万竹农年年增收

一根竹子能做什么？“一年栽竹，两年出笋，三年成林，四年成荫，五年卖竹度光阴。”正如民谣唱的一样，漫山竹林正是赤水市“突围”贫困的一支奇兵。

时间回到 2001 年，赤水市耕地收益不高，森林覆盖率虽高达 63%，但树木种类杂，效益并不好，竹林面积只有 53.2 万亩。

2001 年，国家全面启动退耕还林工程，赤水成为首批试点之一，开始退耕还竹。当年，该市竹林面积达 53 万亩。历届赤水市委、市政府始终坚持“生态立市”战略定位，充分考量竹子的生态效益，利用当地“竹优势”，推进低产竹林改造、丰产竹林培育、月月造林等工程。

经过十多年耕耘，2018 年，赤水市竹林面积已发展到 132 万亩，居全国第二，农民人均种竹面积达 6 亩，居全国第一。这 132 万亩，每年可供应杂竹材 80 万吨、楠竹材 1200 万株、各类竹笋 6 万吨，林农每年直接销售竹材和竹笋产值达 6.4 亿元。

竹，让赤水市 20 万竹农年年增收，助推 8000 多户近 3 万个贫困群众实现产业脱贫，成为了赤水市脱贫攻坚的重要产业。

一大早，67 岁的赤水市大同镇天桥村村民黄恩贵便与老伴一道，拿着柴刀上山砍伐竹子。黄恩贵家有近 100 亩杂竹林，2019 年收了 120 吨竹子，毛收入 6 万余元。在天桥村，像黄恩贵这样因竹致富的村民还有很多。“2014 年，全村有贫困户 56 户 148 人，现在全部脱贫。”天桥村支部书记韩昌华说。

产业要升级，赤水人利用竹子的生长时节，做成可口的美食。

春季有毛竹春笋，夏季有苦竹笋，秋季有大竹笋，冬季有毛竹冬笋。除此之外，还有绵竹笋、筒筒笋、竹荪、竹荪蛋、竹燕窝、竹虫等食材，把竹子“吃干榨尽”。

2019 年 11 月 17 日，赤水市扬程种养殖专业合作社负责人汪进登上飞往上海的班机。对于这次上海之行，他的心里充满了期待。因为第二天，上海知名生鲜电商平台“叮咚买菜”“食行生鲜”将与扬程种养殖农民专业合作社正式签订消费扶贫农产品供销合同，赤水冬笋第一次贴上原生态的标签，端上上海市民的餐桌。

贵州省遵义市赤水市石堡乡村民在伐竹运竹。 王长育 摄

赤水 51 万亩楠竹林，年产楠竹笋达 5 万吨。与其他地区的冬笋相比，赤水产的冬笋具有质地鲜嫩、清脆爽口、无残渣等特点，广受消费者喜爱。

2019 年，遵义赤水楠竹笋获得国家农产品地理标志。然而，由于缺乏稳定的销售途径，冬笋大部分都被留着出土成竹，只有少部分挖取作食用。

通过上海援黔干部的牵线协调，“上海企业 + 终端市场 + 合作社 + 农户”的产销对接模式逐步铺开，上海终端市场价格直接引导赤水冬笋售价，打破了以往赤水农户信息不畅、价格过低的窘境。“以前收冬笋都要通过好几级中间商，收购小贩说多少钱就是多少钱，农户完全没有议价空间。通过今年产地直销的新模式，笋农可以直观了解到原来家里的冬笋在上海可以卖到 20 元 / 斤至 36.9 元 / 斤。减少中间环节后，笋农收购价也比去年涨了近一倍，达到 15 元 / 斤至 23 元 / 斤。”上海援黔干部、赤水市委常委、副市长陶兴国介绍。

据统计，2019 年赤水市销售到上海的赤水冬笋总量达 1500 吨以上，销售额 4500 万元，带动 150 户贫困户 520 名贫困人口人均增收 2000 元，赤水楠竹笋成为了名副其实的扶贫笋。

依竹而工，一根竹带出新兴产业

2018年全国“两会”期间，来自赤水的“90后”全国人大代表杨昌芹带着她的竹编杯套走进人民大会堂，走上首场“代表通道”，向中外媒体讲述了当地农民“编着竹子脱贫致富”的故事。

几个月后，在贵州省遵义市赤水市大同镇民族村，在杨昌芹这位赤水竹编非遗传承人的巧手翻飞中，赤水生长的慈竹变成了细如发丝的竹丝，又编成别有韵致的竹手镯。

为带动更多人脱贫致富，杨昌芹成立了牵手竹艺发展有限公司，生产的杯套、提包、书画等工艺品十分畅销。她请的工人全是留守妇女，其中不少是易地扶贫搬迁的贫困户，“公司对她们免费培训，计件发工资，月收入3000元到8000元不等。”

而在赤天化纸浆厂可以看到，从农民那里收购的竹子变成竹切片高高地堆成小山，正在发酵。纸浆厂副总经理张国宏介绍说：“这是造纸的第一步，再经过高温蒸煮等步骤得到浆板，就能做成我们生活中常用的各种纸巾了。”

“退耕还林之初，为了解决竹原料的销路，我们就开始筹建赤天化纸浆厂。”赤水市林业局局长廖艳飞介绍道。如今纸浆厂每年能“吃”掉100万吨鲜竹，2018年带动24万余名农户人均增收2000元以上。

“我们的产品已经远销美国、德国、日本等地，有了这个标识，浆板就能出口到欧洲。”张国宏拿起一块带有“FSC”标识的浆板说，“用它加工成的高端手机包装盒，摆上了欧洲大商场的货架。”

杂竹可造纸，毛竹用途也不小。竹地板、竹家具、竹乐器……

在新锦竹木制品有限公司，各种竹产品琳琅满目。公司销售经理李显洪介绍起来如数家珍："和木地板相比，竹地板更环保耐用。用竹子做成的乐器音质一致性好，很受欢迎。"据了解，公司每年可带动150名当地村民务工，每人每月可增收3000元。

以林业产业化龙头企业赤天化纸业公司为代表，2014年至2018年度，该公司累计收购竹原料197.16万吨，直接经济收益达11.07亿元。2019年完成竹原料收购44万吨，直接经济收益达2.2亿元。

"2019年，我们公司收购了108万吨杂竹原材料，解决了赤水市杂竹原材料的销路问题，生产了26.5万吨竹浆板和7.5万吨原纸，销往四川、重庆、贵州、云南等地，总产值近20亿元。"赤天化纸业公司常务副总王云义说。

现在，赤水拥有各类竹类加工企业375家，其中规模以上企业19家。形成竹建材、竹装饰板材、竹工艺品、全竹造纸、竹家具和竹笋加工六大产业300多种产品，远销全国20多个省（自治区、直辖市）及17个国家和地区，竹加工企业先后获得拥有自主知识产权的国家专利近30项。

这些竹木类加工企业提供了近2万个工作岗位，工人人均年收入3万多元，带动3000余名贫困群众就业脱贫。2018年，赤水实现竹加工业产值70亿元，综合收入占GDP总量50%以上。

依竹而旅，7万人吃上生态饭

百万亩竹海沿山势绵延起伏，数千挂飞瀑在山间激荡，数万株桫椤身姿摇曳，全国面积最大的丹霞地貌灿若红霞，丹青赤水，处处风景如画。

好风景要变成好财富，对此赤水路径十分明晰：赤水最大的优势在生态、潜力在生态、希望在生态。新形势下，赤水必须正确处理好经济发展和生态环境保护的关系，践行好“绿水青山就是金山银山”的发展理念。

为此，赤水市从 2014 年起，共关停 30 多家高污染、高耗能、高排放企业，每年减少税收 5000 万元，拒绝了不符合生态保护要求的招商引资项目 25 个。

壮士断腕，生态环境变好了。空气负氧离子含量达到每立方厘米 5.2 万个，每平方公里土壤侵蚀量年均减少 1.7 吨，赤水河每年排入长江的泥沙量减少 400 万吨。背水一战，好生态带来新产业，“游

贵州省遵义市赤水竹编非遗传承人杨昌芹在展示用于竹编的竹丝。 王长育 摄

路”变“钱路”，赤水走出了一条生态产业化、产业生态化的新路。

恰逢旅游旺季，在贵州省遵义市赤水市两河口镇黎明村的大瀑布景区，丹霞翠竹间的帐篷酒店早已客满。“过去这里还是全县最穷的村之一，农民连饭都吃不饱。”黎明村村支书王廷科记忆犹新，“自从市里对大瀑布景区统一开发后，每年接待游客 100 万人次，全村 197 人中有 110 多人在景区工作。”

2014 年，借助景区优势，黎明村 57 户农户自筹资金 87 万元成立了黎明村生态乡村旅游服务公司，在景区上游发展漂流。“首次开漂时异常火爆，2 个月不到就盈利 50 万元。”驻黎明村扶贫干部刘邦慧说，“2018 年漂流项目盈利 336 万元，60% 的收入由村民按股分红，40% 留给村集体，村里用这笔钱统一为全村农户购买了医疗保险和养老保险。”

在漂流项目沿线，共有 40 多个安全员，全是黎明村的贫困户，陈万伦正是其中一员。他的家就在景区里，房子是木质结构，虽略

显陈旧，但看起来仍然结实，这种房屋是当地作为特色民居保留的。从厅堂到卧室，收拾得干净整洁，墙上“脱贫标兵”的牌匾格外醒目，平板电视和电冰箱拉近了这个古朴民居和现代生活的距离。

2010 年，在外打工的陈万伦因为父亲生病回乡，家里的生计、父亲的医药费都随之成了问题。“现在我在漂流公司上班，一年能赚 2 万元，媳妇在大瀑布酒店工作，一年收入近 3 万元，再加上村集体经济的分红，全家年收入有 6 万多元。”

绿色脱贫，让发展的后劲更足。2016 年到 2018 年，赤水市累计投入旅游扶贫资金 3100 万元，撬动社会资金 8000 万元，建成示范乡村旅游点 15 个、农业观光园 11 个，6 个村列入全国乡村旅游扶贫重点村。

2018 年，赤水市接待游客 1800 万余人次，其中森林旅游接待游客 1600 万人次；实现旅游综合收入 200 亿元，其中竹林生态综合旅游收益达 43 亿元。

贵州省赤水竹海国家森林公园，如水墨画般清新隽永。 付树湘 摄

案例五简介：

国家储备林是为满足经济社会发展和人民美好生活对优质木材的需要，在自然条件适宜地区，通过集约人工林栽培、现有林改培、抚育及补植补造等措施，营造和培育的工业原料林、乡土树种、珍稀树种和大径级用材林等多功能森林。

作为国家生态文明试验区，贵州是国家储备林建设体系的重要组成部分。加快推进储备林建设，可以有效维护生态安全、有效提升森林质量助推林业改革、有效助推脱贫攻坚和乡村振兴。

2019 年 8 月，贵州省政府办公厅印发了《关于加快国家储备林项目建设的意见》，明确了贵州省建设国家储备林的总体目标：加快建设一批国家储备林基地，完成国家储备林建设任务 1098 万亩，发展林下经济 219 万亩。项目建成后，年蓄积量净增 650 万立方米；到 2035 年，国家储备林建设达 2000 万亩。

森林覆盖率高达 59.95% 的贵州，具有建设国家储备林的显著优势。

贵州省林业局 供图

林业穿上“国储衣” 林农吃上“定心丸”

——贵州省国家储备林项目助推脱贫攻坚案例

国家储备林是指为满足经济社会发展和人民美好生活对优质木材的需要，在自然条件适宜地区，通过集约人工林栽培、现有林改培、抚育及补植补造等措施，营造和培育的工业原料林、乡土树种、珍稀树种和大径级用材林等多功能森林。

党中央、国务院高度重视国家储备林项目的建设。2013 年中央一号文件提出了“加强国家木材战略储备基地建设”的要求, 2015 年、2017 年中央一号文件进一步提出了“建立国家用材林储备制度”的要求。

根据中央有关要求，国家林业和草原局组织编制了《国家储备林建设规划（2018 — 2035 年）》，以有效缓解我国对木材的需求速度，实现总量平衡、结构优化、进口适度、持续经营的木材安全为战略目标。

贵州作为全国首批国家生态文明试验区之一，是国家储备林建设体系的重要组成部分。为贯彻落实好习近平总书记“绿水青山就是金山银山”“守好发展和生态两条底线”的绿色发展理念，贵州省林业局按照“生态保护、兴林和富民三结合”方式，组织编制了《贵州省国家储备林项目建设方案》，并在前期基础条件好、资源丰富、积极性高的县（市、区）及国有林场开展了试点工作。

目前，试点工作有序开展。在贵州省 20 个极贫乡镇之一——黔西南布依族苗族自治州册亨县双江镇，国家储备林项目推进情况良好，并在助推脱贫攻坚方面呈现出喜人的效果。

极贫乡镇破困局

贵州省黔西南布依族苗族自治州册亨县双江镇生态环境良好，十分适宜林木生长。自 1986 年世界银行贷款“国家造林”项目开始，双江镇老百姓便积极参与杉树等用材林的建设。

此外，在贵州省农村产业革命的带动下，双江镇积极实施“112101”产业扶贫模式，达到“人均种植 1 亩油茶、1 亩精品水果、2 亩香蕉、10 亩杉树，实现人均年收入达到 1 万元以上”的目标。截至 2018 年底，该镇共有杉木林 23.6 万亩、油茶 2.2 万亩、精品水果 1 万亩、香蕉 1.8 万亩、桉树 2.1 万亩，林业产业成为了双江镇的主导产业。

守着绿水青山巨大财富，双江镇却是贵州省确定的 20 个极贫乡镇之一。截至 2018 年底，双江镇还有未脱贫人口 986 户 3470 人，贫困发生率为 14.45%。

长期造成双江镇贫困的主要原因是山高路远、交通不便，木材等林产品的运输成本极高。近年来，随着贵州省脱贫攻坚“四场硬仗”的深入实施，基础设施建设硬仗及农村“组组通”公路三年大决战，较为明显地解决了交通不便带来的贫困问题。但是，由于老百姓长期以来缺乏科学的森林经营意识，森林经营整体呈现出种植密度过大、日常抚育不足、木材径级不大、珍稀树种不多、经济效益不高的情况。当地丰富的森林资源，没有发挥出最大的价值，以助推百姓增收脱贫。

2018 年 10 月，国家储备林项目在双江镇开始试点，项目一期建设面积共 16411 亩，涉及达秧乡洛法村 6413 亩、秧坝镇板用村 9998 亩。

项目将流转林农林地和收储林农林木，采取集约人工林栽培、现有林改培、中幼林抚育三种方式进行。林地流转和林木收储的价格，采取政府引导的形式，结合木材市场价格进行定价。

林地流转指导价格为：有林木林地（含采伐迹地）每年每亩 240 元（根据林地等级确定）；宜林荒山荒地每年每亩 40 元（根据林地等级确定）。林木收储指导价格为：3 年以下未成林杉木价格 1200 元 / 亩；幼龄林杉木价格 2000 元 / 亩；中龄林杉木价格 4000 元 / 亩；近成熟林杉木价格 5000 ～ 7500 元 / 亩。所有类型林木流转时间均为 30 年。林木收储金兑现方式为合同签订后 15 个工作日一次性兑现完毕；林地流转金兑现方式为每 5 年兑现一次。

经过前期的项目宣传推进，册亨县林农参与国家储备林项目积极性很高。到 2019 年底，已累计签订林地流转和林木收储合同 503 户 26660.62 亩 10415.97 万元，其中涉及建档立卡贫困户 171 户 708 人 7440.13 亩 2359.05 万元、易地扶贫搬迁户 187 户 809 人 9215.04 亩 2659.93 万元。项目可使建档立卡贫困户户均增收 13.8 万元、人均增收 3.33 万元，易地扶贫搬迁户户均增收 14.22 万元、人均增收 3.29 万元。

册亨县双汇镇洛法村洛法组贫困户黄宝龙，家庭人口 5 人，有林地 51.45 亩，每年林地流转费用共计 7717.5 元，林木收储费一次性支付 295171.62 元，当年他家其他收入为 3750 元，以每年投入 100 个工日参与项目建设管理、150 元 / 工日计算，则劳务收入为

15000元。通过以上4项，家庭总收入达321639.12元，人均增收6.4万元，实现了脱贫。

据统计，洛法村共有363户1530人，有杉木林36860亩。户均100亩杉木林。通过国家储备林项目的实施，便可以在最短时间内实现整村高标准高质量脱贫。

双江镇森林资源丰富，人均拥有10亩杉树，国家储备林项目也将有力助推极贫乡镇脱贫攻坚、同步小康。

“四大收益”促脱贫

贵州既不沿边也不沿海，地理位置特殊。林区群众贫困程度深、贫困面大。“八山一水一分田”的先天条件，决定了林业脱贫攻坚和林农致富奔小康的希望在山、出路在山、致富在林。

贵州林业承担着打好绿色贵州建设打赢脱贫攻坚战的重要使命。国家储备林的建设，集生态建设、产业发展为一体，融生态产品、林产品供给于一身。科学诠释了绿水青山就是金山银山。只有将绿水青山变成金山银山，才是农村、农民脱贫致富的重要途径。

册亨县的实践证明，在贵州开展国家储备林建设，林农可以获得“四大收益”，可实现快速脱贫、稳定脱贫。

一是流转林地收益。林农将手中林地流转给项目承接方经营，收取流转金。如以每户 15 亩估算，流转林地按每年 100 亩计算，15 亩林地每年流转费用为 1500 元、30 年收入为 4.5 万元。

二是林木收储收益。以每户 15 亩估算，收储未成林林木每亩按 1200 元测算，可收入 1.8 万元；收储幼龄林每亩按 2000 元测算，一次性可收入 3 万元；收储中龄林每亩 4000 元测算，可收入 6 万元；

贵州省册亨县郁郁葱葱的杉树林。贵州省林业局 供图

收储近成熟林每亩按 6200 元平均值算，可收入 9.3 万元。

三是参与项目收益。林农将手中林地和林木流转出来后，可参与到国家储备林项目建设中的除草、施肥等林木抚育工作，获得收入。

四是产业链条收益。林农还可通过参加林木采伐、运输、生产加工等环节，扩宽增收渠道，增加收入。

根据目前初步规划，国家储备林建设期内完成建设任务需大量聘请人工劳动力。选聘时优先选择建档立卡贫困人口作为储备林建设劳动力，按每人每年投入 150 个工日、每个工日按 150 元计算，贫困人口每人每年增加劳动收入 2.25 万元。

此外，国家储备林产业发展前景广阔、带动力强。

建设集约高效、结构合理的国家储备林工程，大力培育发展工业原料林、珍贵树种和大径级用材林，可以实现藏木于林、藏富于林，增强优质木材培育、储备和生产能力。

马尾松、杉木、桉树、香樟、楠木、红豆杉等为主的工业原料林、乡土树种和珍贵树种大径级用材林，将为国家增加立木储备生产基地，同时有效带动贵州省木材生产加工、家具家居建材等产业的发展，实现生态优先、绿色发展。

同时，结合国家储备林项目，还可以发展林下经济、森林旅游、森林康养、森林人家等林业产业，实现“储备林 +”发展模式，也将有效带动林农参与项目、转型发展、增收致富。

国家储备林建设还将有效助推乡村振兴，实现百姓富生态美。

该项目集生态建设、产业发展为一体，融林产品供给、生态保护调节、生态文化服务和生态系统支持多种功能于一身，将有利于加快恢复贵州省生态功能脆弱、水土流失地区的植被；有利于促进绿化美化、香化彩化，优化乡村森林景观，提升森林品位，建成绿色、优美、宜人的人居生态空间；有利于大力发展森林旅游、森林康养等绿色产业，提高森林生态文化服务价值；有利于逐步实现产业兴旺、生态宜居、生活富裕的乡村新面貌，加快党的十九大提出的乡村振兴战略的实现。

国储林贵州经验

自 2018 年以来，册亨县积极推进国家储备林项目建设，通过强化顶层设计、创新融资方式、聚焦林区民生，走出了一条国家得林木、社会得生态、地方得投资、企业得效益、农民得收入的脱贫攻坚新路子。

强化顶层设计，争取政策支持。编制《册亨县国家储备林项目建设（一期）可研报告》，规划了规模 2.65 万亩、总投资 2.5 亿元国家储备林项目。该《报告》在贵州省林业局和金融机构通过对国家储备林项目高质量建设的经济性、效益性进行客观评价之后，全票通过评审。制定《册亨县人民政府关于加快推进国家储备林建设的实施意见》《册亨县国家储备林（一期）建设实施方案》，由县级平台公司自主运营，优先将建档立卡贫困户和易地扶贫搬迁户的林地林木纳入国家储备林项目，同时在双江极贫乡镇和秧坝镇积极开展试点建设。2018 年底，国开行贵州省分行向册亨县国家储备林项目承诺授信 2 亿元，并发放首笔贷款 5000 万元，使册亨县成为贵州省第一家启动金融贷款推动国家储备林项目建设的单位。

创新融资模式，拓宽融资渠道。一是在融资渠道方面，积极引导资金流向，打破传统的国家财政单一拨款投资方式，通过撬动社会资本与金融资本，加大项目投入，促进投资主体多元化。二是在降低贷款成本方面，通过采用低息长周期贷款的方式，使贷款期限延长到 30 年，宽限期 8 年，贷款年利率低至 4.9%。同时，积极向主管部门争取贷款 3% 的国家财政贴息，使项目建设资金成本大幅度降低。三是在投资领域上，由于国储林项目总投资的 20% 可用于林业产业发展和林业基础设施建设，可有效解决当地林业基础设施和产业发展投入严重不足的问题，为全县林业高质量发展提供了有力的资金保障。

创新建设模式，提高管理水平。一是成立由县林业局和国开行贵州省分行片区负责人任双组长的项目建设实施领导小组，共同推进项目建设。同时以专班形式推进国储林项目建设，在县、乡二级成立国储林工作专班。二是构建起多元利益联结机制，打破以往由林业部门一家对项目进行建设的模式，采取林业部门 + 平台公司 + 农户的方式建设项目，拓宽建设主体。三是探索“储备林 + 林业产业”建设模式，采取现有林改培方式，对林木进行间伐，为林下经济、森林康养、森林旅游等林业产业建设提供林地空间。通过利用融资贷款 20% 的资金为林下经济、森林旅游等林业产业提供资金保障。

获益的不止一个册亨县。

2019 年 8 月，为加快推进林业供给侧结构性改革，贵州省政府办公厅印发了《关于加快国家储备林项目建设的意见》。

《意见》明确了贵州省建设国家储备林的总体目标：加快建设一批国家储备林基地，完成国家储备林建设任务 1098 万亩，发展林下经济 219 万亩。项目建成后，年蓄积量净增 650 万立方米；到 2035 年，国家储备林建设达 2000 万亩。

下一步，贵州省建设国家储备林将有三项重点任务。一是创新融资模式，助推脱贫攻坚。鼓励通过国有林场与社会资本合作、林权抵押融资等形式促进多主体参与国家储备林项目建设，同时大力发展林下经济，推动贫困群众增收脱贫。二是加强示范引领，提高森林质量。在每一个市（州），结合当地实际，分别打造一个国家储备林项目建设样板基地，示范带动本地区项目建设。最终，通过国家储备林项目建设，全省项目区森林将形成以乡土树种、珍贵树种、大经济用材林为主的高质量、多功能森林。加强国家储备林保护培育与利用等研究，注重用材林树种优良品种选育及种苗繁育的科技攻关，制定技术推广和人员培训计划，建立专家咨询库。同时，推进营林及采伐机械化，建立互联共享信息系统，强化管理创新，引领推动林业生产实现机械化、信息化、现代化。

2020 年春，贵州省铜仁市江口县桃映镇新寨村国家储备林项目建设基地造林忙。
李鹤 摄

生态文明民生观篇——

良好生态环境是最普惠的民生福祉

民之所好好之，民之所恶恶之。环境就是民生，青山就是美丽，蓝天也是幸福。发展经济是为了民生，保护生态环境同样也是为了民生。既要创造更多的物质财富和精神财富以满足人民日益增长的美好生活需要，也要提供更多优质生态产品以满足人民日益增长的优美生态环境需要。要坚持生态惠民、生态利民、生态为民，重点解决损害群众健康的突出环境问题，加快改善生态环境质量，提供更多优质生态产品，努力实现社会公平正义，不断满足人民日益增长的优美生态环境需要。

生态文明是人民群众共同参与共同建设共同享有的事业，要把建设美丽中国转化为全体人民自觉行动。每个人都是生态环境的保护者、建设者、受益者，没有哪个人是旁观者、局外人、批评家，谁也不能只说不做、置身事外。要增强全民节约意识、环保意识、生态意识，培育生态道德和行为准则，开展全民绿色行动，动员全社会都以实际行动减少能源资源消耗和污染排放，为生态环境保护作出贡献。

——2018 年 5 月 18 日

习近平总书记在全国生态环境保护大会上的讲话

贵州省贵阳市长坡岭国家森林公园，孩童嬉笑着从林中跑过。 曹经建 摄

案例一简介：

贵州曾经是全国贫困人口最多、贫困面最大、贫困程度最深的省份，石漠化严重、生态环境脆弱的贵州，“贫困”与“生态”相互影响、互为因果。

2016年，国家林业局（现国家林业和草原局）等部委联合印发《关于开展建档立卡贫困人口生态护林员选聘工作的通知》，由中央财政安排20亿元购买生态服务，聘用建档立卡贫困群众为生态护林员，让他们在这一过程中实现山上就业、家门口脱贫。

贵州抢抓政策机遇，聚焦贫困家庭，争取资金投入，完善管理机制，在全国率先探索形成了“生态护林员+贫困户”护林脱贫的“贵州模式”。截至2019年底，贵州省建档立卡贫困人口生态护林员达到17.25万名，带动50多万贫困人口脱贫。为全国生态脱贫提供了贵州方案，贡献了贵州智慧。

贵州省锦屏县春蕾林场生态护林员。 李勇 摄

一人护林　全家脱贫

——生态护林员护林脱贫的“贵州模式”

贵州是国家生态文明试验区。

但，典型的喀斯特地貌让贵州生态基础十分脆弱。

曾经，贵州又是全国贫困人口最多、贫困面积最大、贫困程度最深、脱贫攻坚任务最重的省份。

既要生态，又要扶贫。贵州面临双重任务！

然而，贵州省森林资源保护与林业脱贫攻坚长期以来存在三个方面突出问题：

一是森林生态保护资金不足，护林人员少，队伍不健全，无法实现有效管护；

二是林区条件艰苦，贫困人口多，贫困程度深，产业发展滞后，脱贫攻坚任务艰巨；

三是由于贫困人口素质、能力较差，加之林区限伐或禁伐，外出务工人员较多，空巢老人、留守儿童、夫妻分居等社会问题严重，林业生态扶贫缺乏有力抓手。

任务艰巨，困难重重。生态建设与脱贫攻坚，怎么兼顾？

在 2015 年的中央扶贫开发工作会议上，习近平总书记为脱贫攻坚工作开出了“五个脱贫一批”良方，明确了“生态补偿脱贫一批”的思路。

2016 年，国家林业局（现国家林业和草原局）深入贯彻落实习近平总书记的指示精神，综合考量贫困人口脱贫需求和森林资源管护的需要，联合财政部、国务院扶贫办印发《关于开展建档立卡贫困人口生态护林员选聘工作的通知》，由中央财政安排 20 亿元购买生态服务，选聘建档立卡贫困人口担任生态护林员工作，让他们在这一过程中实现山上就业、家门口脱贫。

贵州省林业局审时度势，抢抓重要战略机遇，及时出台《贵州省建档立卡贫困人口生态护林员选聘细则》《贵州省建档立卡贫困人口生态护林员工作实施方案》，聚焦贫困家庭，争取资金投入，完善管理机制，在全国率先探索形成了“生态护林员 + 贫困户”护林脱贫的“贵州模式”。

在实践中，贵州还采取“项目 + 生态护林员 + 农户 + 基地”方式，支持生态护林员在管护森林的同时，积极参与林下种植、林下养殖、森林旅游、森林康养等建设项目，建立一批生态效益综合补偿产业发展示范基地，确保森林集中管护后生态护林员和林地所有者稳定增收致富，实现林区经济社会的可持续发展。

生态护林员政策的“贵州模式”既推进了贵州的生态保护和精准扶贫工作，又为全国生态脱贫贡献了贵州智慧。贵州独创的“七步工作法”和“差额公示”“以老带新”“捐赠综合性安全保险”制度等经验做法，被写入全国《建档立卡贫困人口生态护林员管理办法》。

2018 年初，国务院扶贫开发领导小组办公室对贵州省扶贫工作进行检查评估，对生态护林员助推脱贫攻坚工作给予了充分肯定。

截至 2019 年底，贵州省建档立卡贫困人口生态护林员达到 17.25 万名，带动 50 多万贫困人口脱贫。在岗的生态护林员已成为贵州省森林管护的主力军，管护区域内，森林火灾、森林病虫害等森林灾害大幅降低，防控力度有较大的提高。2016 年以来，贵州省森林火灾受害率比生态护林员政策实施前下降了 93.4%，贵州省森林覆盖率由 2015 年的 50% 提高到 2019 年的 59.95%。

贵州省毕节市七星关区拱拢坪国有林场，生态护林员在巡山时清理林间枯树，防止冬春森林火灾发生。　王纯亮 摄

聚焦贫困户　脱贫有抓手

贵州省林业局通过聚焦贫困家庭，让生态脱贫有了抓手——

一是精准确定选聘对象。

明确规定必须在建档立卡贫困人口中选聘生态护林员，且 1 户建档立卡贫困家庭只能选聘 1 名生态护林员。

既解决了森林资源保护资金缺乏的问题，又做到精准扶贫，实现“一人护林，全家脱贫”。

二是科学构建选聘体系。

贵州省林业局出台了《贵州省建档立卡贫困人口生态护林员工作实施方案》《贵州省建档立卡贫困人口生态护林员选聘实施细则》和《精准扶贫建档立卡贫困人口生态护林员管理规范》。

首创了“差额选聘制度”和“七步工作法”，即按照生态护林员名额的 150% 建立拟聘人员库，并通过公告、申报、审核初选、考察、评定、公示、聘用七步程序确定聘用人员。

借助这一方式，构建了科学完备的选聘体系，确保生态护林员的补进调出、考核续聘和护林工作无缝连接。

毕节市大方县生态护林员实现山上就业，家门口脱贫。 罗大富 摄

三是创新保险机制。

为保障生态护林员合法权益，2017 年，贵州省林业局协调保险机构为贵州省护林员捐赠涵盖死亡、残疾、医疗等综合性安全保险，保额达 265 亿多元。

生态护林员保险作为农村保险的有益补充，大大降低了贫困家庭因伤、因病返贫的风险，从而解决了生态护林员巡山护林的后顾之忧。

有抓手，还得有保障，贵州省林业局通过建立健全投资机制，让护林脱贫有了保障——

一是积极争取中央财政加大投入。

贵州省“生态护林员 + 贫困户”模式得到了国家林业和草原局的高度肯定和大力支持。

2016 年、2017 年，贵州省林业局分别争取到中央财政资金 2.5 亿元、2.95 亿元，连续两年排名全国第一；2018 年，争取到中央财政资金 3.95 亿元，比 2017 年增加了 1 亿元。

二是争取地方财政加大投入。

《贵州省人民政府办公厅关于加强建档立卡贫困人口生态护林员工作的通知》印发实施，明确统筹整合贵州省内财政涉农资金 2.05 亿元，增加省级生态护林员 2.05 万名，帮助更多建档立卡贫困家庭参加护林增收脱贫。

此外，贵州省林业局还将惠农项目优先安排给生态护林员管护区，采取“项目 + 生态护林员 + 农户 + 基地”，支持生态护林员在进行森林管护的同时，积极参与林下种植、林下养殖、森林旅游、森林康养等建设项目，建立一批生态效益综合补偿产业发展示范基地，确保森林集中管护后生态护林员和林地所有者稳定增收致富。

为确保生态扶贫落到实处，贵州省林业局通过优化管理机制，实现资源管护全方位。

一是建立健全管理考核机制。

贵州省林业局将落实生态护林员指标作为机关二级目标绩效管理考核内容，并建立了贵州省生态护林员的绩效考核机制。

为此，贵州省级进行年度专业检查评价、市（州）级对县工作落实情况进行督查、县乡两级对生态护林员上岗巡护工作进行绩效考核，确保生态护林员的选（续）聘和退出公开透明。

二是完善森林巡护体系。

贵州省林业局建立了“县建、乡聘、站管、村用”的生态护林员管理模式，以乡（镇）为单位建立护林员队伍，并以 1 个自然村或 2 个相邻村为单位划分管护区域，通过以老带新，建立起一套较为完善的森林巡护工作管理体系。

2017 年，贵州省林业局在黔南布依族苗族自治州率先建立起了林业大数据管理服务平台，形成了“空中有卫星监控，地面有视频和生态护林员巡护”的立体林火预警监控体系和森林资源“网格化”保护管理体系，生态保护实现全方位全覆盖。

贵州省毕节市赫章县平山国有林场，生态护林员交流护林经验。 尚宇杰 摄

家门口就业 家门口脱贫

“巡山护林每个月有 800 块劳务补助，平时再做点零工，能好好培养两个娃娃读书。”贵州省铜仁市石阡县坪山乡凤凰屯村建档立卡贫困户胡燕说。

胡燕的家就在贵州省佛顶山国家级自然保护区，保护区 126 名生态护林员全部从贫困户中产生。

近年来，佛顶山国家级自然保护区加大保护力度，从贫困户中聘请生态护林员。这不仅有效地保护了生态，还助推了脱贫。2019 年 40 岁的胡燕，2016 年 10 月被佛顶山国家级自然保护区包溪管理站聘用。

位于石阡县西南部的佛顶山国家级自然保护区，地跨 3 个乡镇，保护区内物种丰富，做好巡山护林工作是保护区域内森林生态资源和野生动植物资源的必须。以包溪管理站为例，该管理站聘请了33名生态护林员，每人每月开展20天巡护。除森林防火，还要巡查不法分子进山采伐盗猎。管理站对新聘用的生态护林员进行培训，内容包括如何识别珍稀植物、村民可以进山开展哪些活动等。

坪山乡佛顶山村村民胡永江，是因病致贫贫困户。2017年10月开始，他被保护区聘请为生态护林员。“按要求做好巡山工作，一年下来有1万块收入，平时还可以兼做点木工。”胡永江说。

在胡永江眼里，世世代代生活在保护区的村民，无论过去、现在还是以后，都是靠着山和树生存的。

过去，村民烧火用柴，还有的依靠烧木炭增加收入。而这些，早已被旅游所取代。一些村民对住房进行改造，让山外客人住宿。在佛顶山村，农家乐开发地方特色菜品，村民逐渐有了旅游收入。

2016 年生态护林员政策实施以来，贵州省林业局严格生态护林员选聘程序，做好档案管理工作，确保每个指标精准落实在建档立卡贫困户身上。生态护林员们实现了家门口就业、家门口脱贫。生态护林员制度，为贵州带来的改变还有很多。

一是扶贫成果丰——

2016 年以来，贵州共争取到生态护林员资金 11.45 亿元，其中中央财政资金 9.4 亿元、省级财政资金 2.05 亿元。

六盘水市盘州市竹海镇林海雪原。 姚祥林 摄

截至 2019 年底，贵州 88 个县共选（续）聘了 17.25 万名生态护林员（含省级聘请），每人每年可得到 1 万元的劳务补助。

这一举措，使 17.25 万贫困家庭及 50 万贫困人口年人均稳定增收 2400 元，实现了家门口就业和全家脱贫，有效地化解了空巢老人、留守儿童、夫妻分居等社会问题。

二是森林生态优——

“两江”上游生态安全屏障更加稳固牢实，贵州省生态优势进一步确立。

据统计，贵州省森林火灾受害率比生态护林员政策实施前下降了 93.4%，2019 年贵州省森林面积达到 1.55 亿亩。

同时，贵州省森林覆盖率由 2015 年的 50% 提高到 2019 年的 59.95%，森林生态系统服务功能价值超过 8000 亿元。

三是社会反响大——

贵州省生态护林员选聘“七步工作法”和“差额公示”“以老带新”“捐赠综合性安全保险”制度等经验做法，被写入全国《建档立卡贫困人口生态护林员管理办法》。

“生态护林员 + 贫困户”护林的“贵州模式”得到了社会各界和新闻媒体的关注和认可。国家和省级报刊、新闻媒体对贵州生态护林员工作宣传报道达 20 多篇（次）。

2018 年初，国务院扶贫办对贵州省扶贫工作进行了检查评估，生态护林员助推脱贫攻坚工作得到充分肯定。

2018 年 5 月，贵州省林业局委托第三方对生态护林员进行了问卷调查，群众对生态护林员制度的好评率达 99.5%。

2018 年 7 月，贵州省生态环境保护大会暨国家生态文明试验区

(贵州)建设推进会表彰了全省“十大生态护林员”。

2018 年 10 月，国家林业和草原局在贵州省举办“全国生态护林员管理示范培训班”，全国 22 个省区林业厅(局)前来学习借鉴先进经验，为全国生态脱贫提供了贵州方案，贡献了贵州智慧。

发展新理念 青山变金山

“只有了解你看的林子、喜欢你看的林子，才能更好地保护它。这就像家里多了个娃娃一样，要护，要宠，要和它说话，还要唱歌给它听，它才会对你笑。”

黎进黑俊的脸庞上微微地透着点红，穿着一身消防服的他，有点“乡土酷”。

31 岁的黎进是贵州省毕节市大方县生态护林员里年轻的一代，每天的工作就是一个人在山里不停地走。

“一个人巡山，不会觉得寂寞吗？”

“山里不像你们想得那么安静。”黎进认为，山里有山里的快乐，“每天有各种鸟给你唱歌，风一吹，山上的花全部都在跳舞。”

林子里，还有很多的宝贝。

“我们这里的山上长了很多野板栗，十月份你来，我摘一大堆给你吃。春天的时候，也可以挖野菜，到市场上可以卖十几块一斤，还有很多中草药……”黎进滔滔不绝地说着，眼睛亮晶晶的。

这快乐，就像山里的溪水，透亮透亮的，闪动着微光。

黎进也曾出去打过工，2013 年回到大方老家，结婚生子，才知道养家有多难。

2016 年被选聘成为大田村的生态护林员时，黎进很高兴：“离家近，人不飘，虽然工资不高，但我喜欢这份工作。”

他把林子里的花花草草，都当成自家的孩子。“你对它们好，它们也会对你笑。”质朴的话语，是黎进对森林独有的热爱。

而整个大田村的生态保护意识，也跟着山上的树，一点点长高，一点点繁盛。

彭良举是大田村选聘的另一位生态护林员，46岁的他，对家乡的变化有更加深刻的印象：“2000年5月7日，半夜4点多，下了一场暴雨，隔壁的滑石村发生泥石流，死了18个人。”

那次暴雨中，虽然大田村并没有人员伤亡，但还是被冲毁了很多房子。

滑石村的悲剧也提醒着他们，不能再上山垦田了。

从那以后，大田村便开始自主地退耕还林，“没有人去山上砍柴烧了，也没有人乱放羊放牛把树苗踩死了，就连清明节都不去山上烧纸钱了……”

村民生态意识普遍提高，村子生态环境不断改善，也为大田村带来了新的发展机遇——林下经济。

目前，大田村已建成2000亩天麻种植基地，发展苦参、白芨、重楼、冬荪等中药材8000亩以上，同时发展野猪、野鸡、可乐猪、狮头鹅等特色养殖，从事豆制品加工、中药材深加工等。

“我们就是要依托生态优势，发展生态产业，让每个贫困户都有一技之长，让他们依靠自己的力量，过上好日子。”大田村村支书勾朝祥说。

“说到贵州皆是山，八山一水一分田。”著名旅游家徐霞客感叹，“天下山峰何其多，唯有此处峰成林。”贵州因贫困人口多、贫困面大，

其中，武陵山、乌蒙山、滇桂黔石漠化三个集中连片特困地区县有66 个，占贵州省县（区）总数的 75%，贫困面较广。群众脱贫致富的潜力在林，希望在林。

自 2016 年生态护林员项目启动以来，贵州省严格开展选聘生态护林员工作，落实生态护林员惠民政策，实现了林业生态保护和脱贫攻坚工作的双赢。

2018 年，贵州省黔西南布依族苗族自治州望谟县国有林场护林员王永仁获得贵州省“十大生态护林员”称号。 贺俊怡 摄

案例二简介：

2004年，贵州省贵阳市被认定为中国首个国家森林城市，由此拉开了中国森林城市建设的序幕。截至2019年，全国已有200多个城市开展了森林城市创建活动，其中194个城市被授予国家森林城市称号，20多个省份开展了森林城市群建设，建成了一大批森林县城、森林小镇和森林村庄示范。

近年来，贵州将森林城市建设作为林业发展的重要任务，纳入林业重点工程项目，全面启动实施森林城市建设三年行动计划，到2020年，初步形成符合省情、层次丰富、特色鲜明的森林城市建设体系发展格局。

植被茂盛郁郁葱葱的“林城”——贵州省会贵阳市。 曹经建 摄

让森林走进城市 让城市拥抱森林

——贵州省森林城市体系及成效创建案例

2016 年，中国城镇居民人口占总人口比例上升至 57%，并保持持续增长态势。

可是，发展过快没有及时进行科学的城市规划会对人类总体生活质量带来许多负面影响，如空气污染、水污染、土壤侵蚀以及城市内涝等。因此，最有效的解决方式是将自然发展规律融入城市发展规划之中，从而构建一个宜居、安全、可持续发展的城市环境。

而建设森林城市正是解决问题的有效途径。

森林城市建设是借鉴发达国家经验，适应中国国情和发展阶段，推进中国城乡生态建设的一种创新实践。其实质是围绕“让森林走进城市，让城市拥抱森林”，打造以森林和树木为主体，城乡一体、健康稳定的城市生态系统。

2004 年，在全国关注森林活动组委会的倡导下，国家林业局启动了创建国家森林城市活动，并举办了首届中国城市森林论坛，命名贵州省贵阳市为中国首个国家森林城市，由此拉开了中国森林城市建设的序幕。

14 年来，中国的森林城市建设走过了一个创新发展的历程，取得了令人可喜的成效。特别是 2016 年 1 月 26 日，习近平总书记在主持召开中央财经领导小组第 12 次会议时专门强调，要着力开展森林城市建设，搞好城市内绿化，使城市适宜绿化的地方都绿起来；搞好城市周边绿化，充分利用不适宜耕作的土地开展绿化造林；搞好城市群绿化，扩大城市之间的生态空间，为森林城市建设进一步指明了方向。各地围绕“让森林走进城市，让城市拥抱森林”，以大地植绿、心中播绿为重点任务，掀起了森林城市建设的新热潮，全国森林城市建设进入了加快发展、科学推进的新阶段。森林城市建设逐步进入到国家发展战略之中。

截至2019年，全国已有200多个城市开展了森林城市创建活动，其中194个城市被授予国家森林城市称号，有20多个省份开展了森林城市群建设，有18个省份开展了省级森林城市创建活动，建成了一大批森林县城、森林小镇和森林示范村庄。

贵阳，第一个国家森林城市

贵州省的省会贵阳，还有一个沁人心脾的别称，叫“林城”。

20世纪七八十年代，坐飞机俯瞰贵阳，会发现整座城被一圈绿色所环绕，从黔灵山公园开始，鹿冲关、顺海林场到汤粑关、凤凰山林场、孟关林场至花溪公园、麦坪、石板的林带，连接着小车河、云贵大山，最后“回”到黔灵山公园。

城市化的进程，让贵阳在“长大”。20世纪末，贵阳市面积扩展了23倍，绿色随之不断“扩张”浸染。2001年，贵阳市提出打造“林城”，决定营造30万亩“第二环城林带”，北起息烽小寨坝、南抵花溪青岩新楼村、西接清镇市站街、东到乌当区下坝，长304公里，宽5到13公里。

三年之后的2004年，贵阳市成为全国首个“国家森林城市”。

八年之后的2009年，“二环林带”建成，耗资2亿元。前来考察的中国林业科学研究院七位首席专家表示，作为西部不发达地

林城贵阳，群山环抱。 贵阳市林业局 供图

区，花费几亿元植树造林，“没想到，了不起！”

了不起的背后，是贵州对“绿色家园”的向往和追求。

贵阳市山中有城、城中有山的城市特色，非常适宜建设森林城市，而贵阳市的城市森林建设，最早可以追溯到20世纪50年代。

1954年起，贵阳就开始建设环城林带；

1959年，进一步提出将市区8公里范围内的公园和森林连成一片，形成绿化带；

1979年，贵阳市委、市政府正式作出十年内建成环城林带的决定，将环城林带建设纳入城市建设重要内容之一，加速环城10公里范围内的林带建设，把环城林带建成城市环境保护林带和风景林带。

到1990年，贵阳市初步建成一条将林场、风景区、公园、城区山头绿地融为一体，长 70 公里、宽 1 至 7 公里、总面积 13.6 万亩的环城林带。

进入 21 世纪，“让森林走进城市，让城市融入森林”已成为提升城市形象和竞争力、推动区域经济持续健康发展的新途径。

贵阳市委、市政府按照城市森林建设的基本思路，以通道绿化、流域治理、城镇周边环境建设为重点，完成营造公益林 30 万亩，新建 6 个主题公园，形成一条长 304 公里、宽 5 至 13 公里、总面积 132 万亩的第二环城林带。

在建成二环林带的基础上，贵阳市结合国家退耕还林工程、天然林资源保护工程建设，治理水土流失，持续改善生态环境。

以提升主要通道森林景观为突破口，实施贵阳市环城绿化建设项目、贵阳市通道绿化建设项目、美丽乡村建设、公园村寨建设等项目，建成集生态效益、景观效益、经济效益为一体的生态景观走廊，促进沿线经济、社会、生态协调发展，为贵阳切实改善生态环境、提升城市品位、推动生态旅游发展和加快城乡一体化进程发挥更大作用。

2019 年，贵阳市森林覆盖率为 53%，中心城区被两条全长 374 公里的环城林带所环绕，1100 多平方公里的生态水城，近 1000 个公园散布全城，“城在林中，林在城中，四季常青，人居舒适”的面貌已经呈现。森林城市还为贵阳相继赢得“全国绿化先进城市”“全国绿化模范城市”“中国优秀旅游城市”等荣誉称号，极大提高了城市知名度，城市的名片更加靓丽。

“绿色家园”的向往从贵阳起步，并在贵州蔓延开来。

2010 年，遵义市成功创建“国家森林城市”。

贵州省贵阳市长坡岭国家森林公园举办森林婚礼。 杨秀勇 摄

赤水，呼之欲出的国家森林城市

绿色，是一座城市最美的底色。

绿色，代表着活力与希望。

一座城市因绿色而清秀，因绿色而隽永。

在创建贵州省森林城市、国家森林城市一系列工作的推动下，醉人的绿意犹如串串音符，在贵州省遵义市赤水市的大地上谱写出一曲曲动人乐曲。

每当漫步在赤水市街头，那一片密密的竹林便映入眼帘。

近年来，赤水市委、市政府高度重视生态文明建设，始终坚持以习近平生态文明思想为指导，认真践行“绿水青山就是金山银

山”发展理念，大力实施“生态优先、绿色发展、共建共享”战略，走出了一条“生态产业化、产业生态化”的绿色发展道路，成为全国首批贵州首个脱贫出列县。2019 年，赤水市地区生产总值完成 100.55 亿元，城镇和农村居民人均可支配收入达到 34425 元和 13656 元，分别增长 9.7% 和 11%，全面小康达到程度达 98.4%。连续三年生态产业产值占比达到 75%，获得“中华环境奖·城镇环境类”大奖，先后荣获贵州省森林城市、国家生态市、中国长寿之乡、全国“绿水青山就是金山银山”实践创新基地、国家生态保护与建设典型示范区、全国首批全域旅游示范区、中国最美县域等多项殊荣。实现了生态共享、发展共赢，用实际行动让“两山”理论在黔山秀水开花结果。

森林之城·云上赤水。 王茂祥 摄

赤水市始终将“生态优先”作为全市发展主战略，把生态作为立市之本、发展之基和强市之源，紧紧围绕绿色、低碳、循环、可持续发展要求，先后制定了《赤水国家级生态市建设规划》，指导赤水建设现代生态经济强市；出台了《赤水市各级党委、政府及相关职能部门生态环境保护责任划分规定（试行）》等系列文件，建立了生态环境保护工作责任追究制等 10 项保障机制，不断压实生态建设和环境保护的政治责任。

始终将生态摆在更加突出的位置，不断厚植青山绿水、扩展“生态空间”、放大“生态优势”，实现荒山变青山、荒坡变绿林、荒

赤水市天台湿地公园。 王茂祥 摄

石披绿装。2001 年以来，累计投入财政资金 10.78 亿元实施退耕还林、环城林带造林等工程，培育县域特色竹林资源面积从 53.2 万亩增加到 132.8 万亩，森林覆盖率达 82.75%，赤水河赤水段每年减少排入长江的泥沙量超 400 万吨。空气优良率常年保持在 94% 以上，每立方厘米空气含负氧离子 5.2 万个，综合生态环境质量评价长期保持贵州首位。

2016 年，赤水市承办“首届中国赤水河流域生态经济发展论坛”，促进赤水河流域 3 省 4 市 15 个县在生态脱贫、绿色发展等领域深入合作。建立赤水河流域联合执法机制，完善智慧河长信息化平台，建立群防群治网络，持续开展环保“六个一律”“利剑行动”等专项整治。确定每年 6 月 5 日为赤水市“生态践行日”，8 月 2 日为“丹霞自然遗产保护日”，建成丹霞展示中心等生态科普基地，持续开展环境保护、生态文明进学校、进社区、进企业、进农村、进机关“五进”活动，凝聚起社会各界共同参与生态文明建设和环境保护的共识。

赤水市确定“现代生态宜居城市”发展定位，把生态文明理念融入到城镇化建设的全过程，大力实施城市修补和生态修复“双修”工程，建成三十里河滨景观康养大道等城市绿色景观，城区绿化覆盖率 41.17%，常住人口城镇化率达 50.29%，成功创建国家卫生城市，积极创建国家文明城市、国家级森林城市，城市美丽宜居品质不断提升。持续加大扶贫生态移民工程实施力度，积极引导自然遗产地、国家级风景名胜区等禁止开发区、限制开发区以及深山区的群众向城镇搬迁，有效减少人为因素对生态环境的破坏，新建易地扶贫搬迁安置点 28 个，实施易地扶贫搬迁 3643 户 14369 人，提前完成“十三五”易地扶贫搬迁任务。纵深推动农村人居环境整治“三年行动计划”和“四在农家·美丽乡村”建设，高标准打造了特色示范小城镇 4 个、田园综合体 2 个、美丽乡村示范点 326 个，让赤水市成为“看得见山、望得见水、记得住乡愁”的向往之地。

贵州，将拥有更多国家森林城市

一直以来，贵州省以生态文明理念为引领，加强组织领导，科学规划布局，扎实开展森林城市建设活动，取得了实实在在的成效。

早在 2004 年，贵阳市就荣获全国首个“国家森林城市”称号，成为“第一个吃螃蟹的人”，开创了全国森林城市建设的先河。贵阳市成为第一个国家森林城市后，2010 年遵义市也获此荣誉。

然而，创森过程中也难免遇到“瓶颈”。例如，在森林城市建设方面缺乏顶层设计，贯彻落实党和国家的要求还不够完善，没有出台有效的省级宏观调控措施及支撑政策；森林城市建设是以地方财政投入为主，没有明确的资金渠道等。

“未来，我们将精准施策、精准发力，不断破解难题，补齐短板，把森林城市建设一步一步向前推进，确保取得实实在在的成效。”贵州省林业局副局长张富杰表示，走进新时代，必须展示新作为，展现新气象。

贵州将森林城市建设作为林业发展的重要任务，努力打造符合贵州省情、层次丰富、特色鲜明的森林城市建设体系发展格局。

—— 实施森林进城绿化工程，大幅增加城区绿量，大力建设城市绿廊，推动森林融入城市，推进城区见缝插绿、拆违建绿、拆墙透绿，建设1000个大中小微型森林公园，使城市适宜绿化的地方都绿起来。

—— 实施森林乡村美化工程，根据森林、湿地、绿地等生态资

花园城市，贵州省贵阳市观山湖区。 张雄毅 摄

贵州省黔南布依族苗族自治州龙里县龙架山国家森林公园成为市民休闲好去处。
潘希来 摄

贵州省遵义市湄潭县鱼泉街道偏岩塘村。 林明 摄

贵州省贵阳市乌当区新堡乡布依族村。 贵阳市委宣传部 供图

源禀赋，统筹乡镇规划建设与山水林田湖草布局，大力建设村镇公园，集中打造森林覆盖率高、生态品质好、宜居宜游的旅游型、康养型、生态文化型森林小镇。

—— 传承乡村自然生态景观和人文风貌，开展“美丽乡村·绿满家园”森林村寨建设。大力推进村旁、宅旁、路旁、水旁等“四旁”绿化，大量栽种群众喜爱的乡土树种，建设一批“村在林中环境美，林在村中生活美”的森林村寨。

—— 结合易地扶贫搬迁、新民居建设和农村危房改造工程，积极引导群众在房前屋后栽花种树，绿化美化庭院，鼓励集体、个人、专业合作社、经营户等建设森林人家，发展乡村旅游，振兴乡村经济。

此外，贵州还制定了《贵州省省级森林城市建设标准》《贵州省森林乡镇建设标准》《贵州省森林村寨建设标准》《贵州省森林人家建设标准》等四个地方标准。同时认真做好申报城市初审，组织专家组到通过初审的申报城市进行实地核查，把好创建的质量关。

目前，安顺、铜仁、六盘水、凯里、赤水等 13 个市（州）、县（市）已开展国家森林城市创建活动。贵州省建成国家森林城市 2 个，国家森林乡村 273 个，省级森林城市 43 个、森林乡镇 169 个、森林村寨 993 个、森林人家 3900 户。

一个时代有一个时代的主题，一代人有一代人的使命。党的十九大报告深刻指出，建设生态文明是中华民族永续发展的千年大计。肩负着开创百姓富、生态美多彩贵州新未来的历史重任，贵州定能在森林城市创建中交上一份满意答卷，书写新时代贵州发展新的篇章。

案例三简介：

2016年以来，在贵州省委、省政府的高度重视下，森林康养发展连续写入贵州省委、省政府《关于推动绿色发展建设生态文明的意见》《关于深入实施打赢脱贫攻坚战三年行动发起总攻夺取全胜的决定》和《关于深入推进农村产业革命坚决夺取脱贫攻坚战全面胜利的意见》等文件中。

贵州省政府连续四年安排财政专项资金，支持森林康养产业发展。先后建设赤水天岛湖、息烽温泉、水城野玉海等省级森林康养试点基地52个，安顺药王谷和贵安新区云漫湖等国家级森林康养试点基地27个，森林康养产业发展态势良好，已成为贵州绿色发展新名片。

贵州省毕节市百里杜鹃国家森林康养基地里，瑜伽爱好者在花海里练习瑜伽。
尚宇杰 摄

“大生态 + 森林康养”开启林业发展新模式

——贵州省大力发展森林康养助力健康中国战略

贵州，是山的王国。

贵州省丘陵、山地面积占国土总面积的 92.5%。

贵州，拥有生态富矿。

贵州省森林面积 1.55 亿亩，森林覆盖率 59.95%。

作为一个林业资源较为丰富的省份，林业应当为地方经济发展和农民增收致富发挥重要的作用。但不得不承认的是，贵州富集的森林资源与经济社会贡献度并不匹配。

过去，贵州林业产业发展相对滞后，2016 年贵州省林业总产值仅为1000亿元，在全国居第21位。这就是贵州林业发展的痛点、难点。

要解决痛点、难点，必须迎难而上，通过林业供给侧结构性改革，撬动林业产业崛起，实现林业资源变现。

2017 年中央 1 号文件提出，要大力改善森林康养等公共服务设施条件，充分发挥乡村各类物质与非物质资源富集的独特优势，利用“旅游 +”“生态 +”等模式，推进农林业与旅游、文化、康养等产业深度融合。

作为全国生态文明试验区之一，贵州省委、省政府高度重视生态文明建设工作，并出台了《关于推动绿色发展建设生态文明的意见》。《意见》指出，要充分发挥贵州独具特色的生态优势，满足人民群众不断增长的健康需求，推进林业供给侧结构性改革，把资源优势更好地转化为产业优势和经济优势，培育壮大绿色富民惠民产业，带动山区经济发展，助推脱贫攻坚，走出一条有别于东部、不同于西部其他省份的绿色发展新路。

贵州省第十二次党代会又把大生态作为贵州三大发展战略之一，“大生态”战略行动浓墨重彩指明了深入推进生态建设的新思路、新办法、新举措，并对林业工作提出了具体的要求，要加快形成绿色发展方式，念好“山字经”、种好“摇钱树”，实施绿色经济倍增计划，提供优质生态产品和服务，倡导绿色生产方式、生活方式和消费方式，大幅提高经济绿色化程度。

这既对林业工作提出了新要求，也对林业工作有着新期待，更为林业工作自身实现新突破、谋求新发展提供了重大历史机遇。

为此，贵州省林业局将“大生态＋森林康养”作为贵州林业供给侧结构性改革的先头兵。

良好的森林资源、生物多样性和大气、水、土壤等环境质量决定了贵州发展森林康养事业和产业具有独特的优势，可以预见森林康养将成为贵州林业产业发展新的重要的增长极。贵州将以建设类型多样的森林康养品牌基地为引领，打造国内外知名的森林康养胜地和全国森林康养产业大省。

而充分利用森林的养生功能，大力发展森林康养，是破解贵州森林资源优势与林业产业发展不平衡的重要抓手，是发挥森林多种功能的重要途径，是加快转变林业发展方式、激发林业生产力和牢牢守住生态和发展“两条底线”的重要途径，是践行“绿水青山就是金山银山”“大生态”战略行动、助推贵州实现百姓富生态美有机统一的具体实践。

森林康养已成为林业发展的新业态、新方向，成为林业产业转型升级的新抓手。“大生态＋森林康养”，作为林业产业的新动能、新引擎，也开启了林业产业发展的新模式。

贵州省遵义市赤水市天鹅堡森林康养小镇入选“中国十佳森林康养小镇”。

王茂祥 摄

森林康养新机遇

丰富多彩的森林景观、沁人心脾的森林空气环境、健康安全的森林食品、内涵浓郁的生态文化……这些，都能让人感到愉悦，而人只要保持愉悦，就能获得健康。

以这些为主要资源和依托，配备相应的养生休闲及医疗、康体服务设施，开展以修身养心、调适机能、延缓衰老为目的的森林游憩、度假、疗养、保健、养老等活动，就是森林康养产业。

这意味着，不是每个地方都可以发展森林康养产业的。

而贵州地处“两江”上游，民风淳朴，大自然赐予贵州发展森林康养特有的“六度三爽”优势。

贵州的纬度，最优质——

地处北纬 24° 37′～ 29° 13′之间的贵州，是有利于人类成长发育和长寿养生的优质生存区间。

贵州的高度，最适宜——

平均海拔在 500 ～ 2000 米之间，这是最适合人类生存、人体

对大气压感觉最佳的位置。而贵州大部分地区处于海拔1500米区域，这个区域有助于新陈代谢加快。

贵州的湿度，最适中——

年平均降雨量1100～1400毫米的贵州，常年相对湿度70%以上，雨水的浸润使得贵州空气湿度适中。

贵州的温度，最舒适——

属亚热带湿润季风气候的贵州，年平均温度在15℃左右，一年中大部分时间是处于凉舒适、舒适、热舒适三个等级。

贵州省盘州市和水城县交界处的六车河峡谷，被誉为“贵州张家界”。
肖本归 摄

贵州的负氧离子浓度，最丰富——

贵州的森林负氧离子达 600 ～ 3000 个 / 立方厘米，瀑布附近负离子高达 40000 ～ 100000 个 / 立方厘米，溪流、跌水旁的负氧离子 1000 ～ 10000 个 / 立方厘米。

贵州的“风度”，最稳定——

地质构造稳定的贵州，历史上基本没有发生过破坏性地震。常年给人带来一种“轻风拂脸面”的舒适感，这样的“风度”对人体散热、生活出行和生产活动十分有利。

贵州的空气，最清爽——

在森林覆盖率高达 59.95% 的贵州，森林像一座无声的吸碳制氧厂，自动调节空气中氧气和二氧化碳的浓度，同时吸附空气中的颗粒物和有毒有害物质，起到消毒杀菌的作用。

贵州的气候，最凉爽——

因为大片的森林，正以其庞大的林冠层，在贵州大地和大气之间形成一个“绿色的调温层”，显著影响着城市的风、温度、湿度和降水。

贵州的人民，最豪爽——

苗族“药王节”、布依族“六月六”、水族“端节”、瑶族“盘古节”、仡佬族“敬雀节”……他们在自然信仰、禁忌习俗、节庆活动里，渗透着天地与我共生、万物与我为一的健康养生理念，并乐于与世界一起分享。

此外，贵州是森林之省、千瀑之省，山水延绵、山水相依，入目皆是胜景。贵州又是“生物王国”“百草之乡”，植物种类数量居全国第四位，有“天然药物宝库”之称，是中国四大中药材产区

贵州省贵阳市登高云山森林公园，休闲健身好去处。 杨舰 摄

之一。拥有发展森林康养产业最丰富的资源优势。

作为国家级生态文明试验区，贵州生态环境良好，丰富的森林资源、生物多样性和大气、水、土壤等环境质量，都成为了发展的独特优势。

选择大力发展森林康养产业，就是要充分发挥这些独具特色的生态优势，满足人民群众不断增长的健康需求，把资源优势更好地转化为产业优势和经济优势。

产业发展新引擎

贵州省委、省政府高度重视森林康养产业发展。

自 2016 年以来，支持森林康养发展连续写入贵州省委、省政府《关于推动绿色发展建设生态文明的意见》《关于加快发展新经济

森林里的交响乐音乐会。 乔啟明 摄

培育新动能的意见》《关于深入实施打赢脱贫攻坚战三年行动发起总攻夺取全胜的决定》文件中。

2018 年 2 月，贵州省委书记孙志刚对发展森林康养产业作出批示，“森林康养产业大有可为、前景很好”。此后，贵州省政府还出台了《推进森林康养产业发展的意见》，在土地、投资、科研等方面给予支持。

由此可见，利用森林资源，依靠林业打造新产业、形成新业态，将有力地助推林业产业大转型、林业经济大增长。

打造全国森林康养产业大省，是贵州的目标。

而到 2020 年，贵州将形成集旅游、医疗、养生、养老、康复、保健、教育、文化、体育等于一体的森林康养产业体系；按规划布局，分期建成 100 个具有贵州特色的森林康养基地；森林康养年服务人数达到 2000 万人次，年综合收入达到 500 亿元。

为实现“将贵州打造成国内外知名的森林康养胜地和全国森林康养产业大省”的目标，贵州省林业局自 2016 年开始，就不断推进发展森林康养产业。

举办了贵州省森林康养基地建设培训班，聘请国内知名专家授课，培训贵州省各市州林业部门及贵州省林业局直属单位负责人及技术人员。组织市、县林业部门领导及技术人员多次到四川、湖南、北京等地考察培训学习森林康养。通过考察学习、人才培养，不断探索适宜贵州的、有特色的森林康养产业发展模式。

此外，贵州省林业局狠抓示范基地建设。经申报，中国林业产业联合会授予贵州省国有扎佐林场、荔波茂兰国家级自然保护区、梵净山国家级自然保护区和思南白鹭湖湿地公园“全国森林康养基地试点单位”称号，率先在全国、贵州省开展试点工作。

森林康养作为一项绿色新兴产业，在我国还处于起步阶段。为推动贵州森林康养产业规范、健康、有序快速发展，贵州省林业局起草了《关于加快森林康养产业发展的意见》，同时学习借鉴国内外森林康养经验，开展了《贵州省森林康养基地建设规划技术规程》和《贵州省森林康养基地建设规范》等标准的研究工作。通过科学编制森林康养产业发展总体规划，合理布局森林康养基地，引领贵州省森林康养产业健康发展。

下一步，贵州省林业局还将着力抓好森林康养市场主体的培育。通过精心谋划推出一批森林康养优质项目，创新机制和模式，充分发挥市场的作用，探索采用 PPP 等融资模式，积极引导金融资本和社会资本进入森林康养产业，促进投资主体多元化，形成国家、企业、民间资本等多渠道投资并举的局面。

通过实施品牌战略，打造森林康养地理品牌和地域品牌，打造森林康养名牌基地、名牌企业、名牌产品。通过充分挖掘和融合食疗、药疗、水疗、芳香疗等传统养生文化，积极培育具有地方特色的森林养生、森林疗养、森林健身、森林康复等森林康养产品。加强森林康养食品、饮品、化妆品和纪念品等的研发与营销。加强无公害农产品、绿色食品、有机食品、森林食品的开发与认证建设，推出具有特色的森林食品和有针对性的食疗菜单。以此带动贵州省森林康养产业发展。

林场转型探心路

将“大生态”战略行动落地生根的过程就是一个转型的过程。

林业产业要转型升级，新兴业态一定是可持续的、绿色的、健康的，而森林康养就是林业转型的重要抓手之一。

走进全国森林康养基地试点单位贵州省国有扎佐林场景阳森林疗养院，树木深深浅浅的绿色和红的黄的紫的花卉交织成了一幅美丽画卷，鸟儿和蝉高高低低的鸣叫又演奏出动人的歌曲。森林步道周边，种满了紫薇树。“等到花开的时候，紫薇花搭出拱形的通道，人走过的时候，就像新人步入幸福的礼堂。”疗养院院长陈军华说。

此外，贵州省国有扎佐林场着力进行森林环境优化，不但有完好的森林植被，还有天然的湖泊、溶洞和湿地，建设了音乐喷泉景观、晨练广场、森林步道、阳明文化养心园、中医馆、网球场、羽毛球场等设施。“就是要到我们这里来疗养的人感到幸福。”

陈军华说，森林康养这样的新产品、新业态，一方面可以倒逼森林管理部门加大森林保护力度、不断完善森林基础设施、美化优化森林环境，另一方面可以将丰富的森林资产进行激活、变现，还可以有效解决老年人医疗、养老等社会问题，可以促进人们健康理念的改变，从森林健身开始，提高国民素质，助推全民健康。达到生态效益、经济效益、社会效益的三丰收。2016 年，贵州省国有扎佐林场仅是森林疗养一块，经营产值就接近 2000 万元。

“大生态 + 森林康养”，让贵州省国有扎佐林场实现了大转型，也为林场的可持续发展和经济增长找到了新的爆发点。而成功转型之前的扎佐林场，也经过了漫长的探索实践和一次次阵痛。

1990 年前，粗放式经营。和所有国有林场一样，种树、砍树、再种树。但由于树木生长周期漫长，到 1990 年，贵州省国有扎佐林场的森林面积只有 7 万亩。“这样的发展是不可持续的，所以必须求变。”林场党委书记李维鸿说。

1990年到2000年，贵州省国有扎佐林场开始尝试种植经果林，但长期从事林木培育的职工并不擅长果树培育，造成果实质量低卖不出去，没有经济效益。后来，林场又办了口袋厂、开了矿山，尝试很多都失败了。

“失败的原因是什么？一是时代的局限性，二是离开了我们的主业。不基于自身森林资源优势的改革，注定走进死胡同。”李维鸿说。

2000年到2014年，贵州省国有扎佐林场开始回到主业，挖掘森林资源的经济增长点，森林公园、野生动物园应运而生。这两项尝试，让贵州省国有扎佐林场逐步摆脱了困境，林场森林面积扩大到15万亩，经营产值突破1000万元。

林业生态资源就是林场最大的绿色资本、庞大的绿色产业才能推动可持续发展的绿色经济。窥一斑而知全豹，从贵州省国有扎佐林场的发展路径可以看出，森林康养产业已经成为贵州林业发展经济新的增长极。

抓好贵州省国有扎佐林场等森林康养示范基地的建设，则是下一步贵州省林业局的重点工作。

截至2019年底，贵州已建成省级森林康养试点基地52个、国家级森林康养试点基地33个。贵州省林业局将根据区域特色和资源优势，着力推进一批具有示范带动效应的森林康养示范基地建设，按照“打造一批国际合作示范基地、创建一批国家级和省级示范基地，提升一批具有世界影响力的示范基地”的总体思路，逐步完善示范基地体系建设，引导贵州森林康养产业逐步做大做强。

在贵州省国有扎佐林场散步的老人。 贵州省林业局 供图

案例四简介：

2018年，贵州按照“产业兴旺、生态宜居、乡风文明、治理有效、生活富裕”的总要求，因地制宜、因村施策，统筹指导、分类推进，开展农村人居环境整治村庄清洁行动。

一年后，贵州省完成农村户用卫生厕所改造93.7万户、村级公共厕所改造5320个；1.16万个行政村实现农村生活垃圾处理，23个县建立了农村生活垃圾收运处置体系；4924个行政村建有农村生活污水治理设施或纳入城镇污水管网，6939个行政村农村生活污水乱排乱放得到有效管控；农村危房改造21.13万户，完成小康房建设2.6万户。

贵州省毕节市赫章县六曲河镇乡村新貌。 刘勇 摄

一村一寨皆新貌

——贵州省农村环境综合治理案例

2018 年 2 月，我国全面启动农村人居环境整治工作，同年 9 月，浙江“千村示范、万村整治”工程获得联合国“地球卫士奖”。

从浙江辐射到全国，中国农村人居环境正发生巨大改变。

贵州也是其中之一——

2018 年，贵州省启动《农村人居环境整治三年行动》，扎实推进农村人居环境整治各项工作。

“厕所革命”超额完成：完成农村户用卫生厕所改造 75 万户、村级公共厕所改造 5416 个；

村庄规划全面覆盖：共 1.16 万个行政村实现农村生活垃圾处理，23 个县建立了农村生活垃圾收运处置体系；

垃圾污水有效治理：4924 个行政村建有农村生活污水治理设施或纳入城镇污水管网，6939 个行政村农村生活污水乱排乱放得到有效管控；

村容村貌较大提升：农村危房改造任务 21.13 万户，完成小康房建设 2.6 万户……

2019 年，贵州省全面推开农村人居环境整治工作，进一步推进乡村振兴战略规划具体化、项目化、步骤化。

启动实施乡村振兴“十百千”示范工程：重点打造 10 个示范县、100 个示范乡镇、1000 个示范村，通过示范引领和辐射带动，树立典型和样板。

2019 年，贵州扎实开展农村人居环境整治，深入开展“四个专项行动”，组织开展以“三清一改”的村庄清洁行动。贵州省完成农村户用卫生厕所改造 75 万户，新建改造农村公共厕所 5416 个，分别完成目标任务的 141.5% 和 108.3%。

以全部实现村容村貌整洁、建成生态宜居的美丽乡村为目标，2020 年贵州将推动山水、田园、林地和村庄有机融合，不断探索具有地域特点、民族特色、文化特征的贵州民居新样板。

一幅美丽生态、美丽经济与美好生活有机融合的乡村新画卷，正在贵州大地徐徐展开。

展新颜　产业兴旺奔小康

流水如玉，青山为屏，小家碧玉，箫笛蜚声。贵州省铜仁市玉屏侗族自治县自古就有“中国箫笛之乡”的美誉，现在它又有了“中国油茶之乡”“中国黄桃之乡”的别称。

玉屏侗族自治县朱家场镇鱼塘村的 3500 亩油茶林，年产 30 万斤油茶果。以前，榨油剩下的油茶壳通常被作为废渣丢弃，长期累积形成废弃物污染。一时间，油茶壳围村。

2018 年以来，鱼塘村把发展产业脱贫攻坚与开展村庄清洁行动结合起来，探索油茶壳再利用。

思路一变天地宽。如今，村民们手上的油茶壳，经过晾晒加工，由公司统一回收。配以木屑、棉籽壳等粉碎后，制作成菌包，种植食用菌。而出菇后废弃的菌包，则成为了肥业公司的优质原料。

此举不仅解决了污染问题，还形成了新的产业链。围绕农村产

过去的贵州省安顺市西秀区双堡镇大坝村。 贵州省林业局 供图

现在的贵州省安顺市西秀区双堡镇大坝村。 贵州省林业局 供图

贵州省遵义市汇川区水河道治理、居民改造、产业集聚、乡村旅游为一体，建设美丽乡村示范点。 庹展 摄

业革命进一步挖掘油茶价值，变废为宝，生态循环，实现经济与生态效益双赢。

鱼塘村的故事并不是个案。

通过推进农村产业革命，深化乡村治理，玉屏侗族自治县在乡村振兴中摸索出了自己的路子。2018 年，玉屏侗族自治县引进农业废弃物资源化综合利用项目，通过农业废弃物集中处理中心和有机肥生产中心两个平台闭链循环运行，将农业废弃物集中处理转化成清洁能源和有机肥资源。项目投产后，仅沼气发电一项，每年收益将达 4000 多万元。

紧扣贵州省 12 个重点产业，玉屏侗族自治县因地制宜发展油茶、黄桃、食用菌、生猪等四大主导产业。仅油茶产业一项，就累计发展基地 20.7 万亩，年产鲜果 16650 吨，产油 1040 吨，实现产值 1.664 亿元。

2018 年，经国家专项评估检查，玉屏侗族自治县整县脱贫出列。

铜仁市探索建立农村“垃圾兑换银行”机制，在碧江区、玉屏侗族自治县、万山区、江口县设立“垃圾兑换银行”试点，通过“垃圾兑换积分，积分兑换商品”的方法，实现垃圾减量化、资源化和无害化。

伴随着“美颜”而来，是金灿灿的收获。如今，黔中大地上，打赢脱贫攻坚战的鼓点与农村人居环境整治的步伐相衔接，确保目标不变、靶心不散、频道不换，为产业兴旺、实现乡村振兴打下坚实基础。

换新貌　碧水青山入画来

红枫湖，贵阳市民的“大水缸”，也是贵阳生态景观廊道相贯通的城市生态网络体系的重要组成部分。

伴湖而成，依湖而长。贵州省贵阳市清镇市也因为红枫湖被更多的人知晓。曾经，沿湖乡村的无序建设和废水随意排放，为湖水水质带来了隐患，也给村民们的生产生活造成了影响。

“以前大家图方便乱扔乱排放，一到夏天，臭烘烘的，蚊子又多。”红枫湖镇右二村村民龙伟成回忆到。

伤痛让清镇市下定决心——把改善农村人居环境作为乡村振兴的第一场硬仗，掀起了三场“革命”。

实施“污水革命”。先后投资近 2 亿元，在红枫湖流域的 17 个村 128 个村民组建设一体化小型污水处理设施、生态湿地等，集镇污水处理覆盖率达 85% 以上。

实施“垃圾革命”。全面推行城乡垃圾“户集、村收、乡（镇、社区）运、市处理”的分级处理模式，134 个行政村实现垃圾无害化处理。

实施“厕所革命”。制定农村厕所革命三年行动计划，到 2020 年预计投入资金 1500 余万元。

通过大力实施人居环境治理、生态提升“四化”、生态环保整治三大工程夯实基础，综合推进基础设施建设、基层党建、产业发展、社会保障，农村人居环境从“局部美”向“整体美”，“外在美”向“内在美”，“一时美”向“持久美”提质转型。

蓝天白云、树木葱葱、碧波荡漾，2019 年的夏天，红枫湖又绽放出了靓丽的容颜，清镇也收获了绿色生态的“新湖城”。

“污水靠蒸发”“垃圾靠风刮”的现象在贵州乡村逐渐成为历史，各地因地制宜，推动山水、田园、林地和村庄有机融合，打造出了“水清、河畅、岸绿、景美”的村庄宜居环境。

树新风　基层党建聚合力

初秋的和风送来田间地头的欢声笑语，贵州省黔南布依族苗族州福泉市的乡村一片收获的喜悦。

“现在不一样了，为建设美丽家园，大伙都蛮拼的。”在福泉市牛场镇朵郎坪村，村民王兴亮这样感叹身边的变化。

对这个“不一样”，牛场镇朵郎坪村副支书罗海霞这样总结——给钱给物，不如有一个好支部，一个坚强有力的基层党组织，是农村发展的主心骨。

近年来，朵郎坪村加强基层党组织建设，彻底改变了基层党组织软弱涣散，组织力、凝聚力、战斗力不足的问题。

朵郎坪村河湾组就以党组织领办合作社为抓手，探索人人参与、全员共享的产业发展模式，成为福泉市产业发展促乡村振兴的示范点。

立足河湾优势，合作社坚持走农旅融合发展新路，按照环境美、产业兴的要求，推动多业态、高效益、可持续发展，实现农业强、农村美、农民富的目标。

牛场镇的变化，只是福泉市推进农村人居环境整治中的一幕。

针对农村基础设施条件差、群众思想观念难统一等难点，福泉从群众看得见、摸得着的地方改起，从治理滥办酒席、规范农村建

贵州省安顺市西秀区旧州镇乡村新貌。 贵州省林业局 供图

房等方面着手，群策群力，建设美丽乡村。

为解决农村污水、垃圾的集中治理问题，福泉市建成了城镇污水处理厂 9 座、30 户以上自然村寨污水处理站点 34 个，正有序推进 10 户以上自然村寨污水处理人工湿地建设，城乡污水处理率达 85% 以上。

针对农村社会管理带动不济、发展内生动力不强等痛点，福泉以建强基层战斗堡垒为核心，以“三组两榜一规一训”为抓手，引导群众自觉参与村组事务，基本实现农村群众的自我管理、自我教育、

贵州省黔南布依族苗族州龙里县龙山镇龙山区新貌。 余廷刚 摄

自我服务、自我约束。

通过在福泉市推进村民党小组、自治小组、监督小组的全覆盖，坚持把党小组作为村民组发展的核心，在福泉市建成党员活动场所98个，组建党小组756个。凡是涉及村民切身利益的事务，按照“自治小组提议理事—村两委初审复审—乡镇（街道）决策把关”程序，对议定的产业发展、村寨治理等事务由自治小组具体实施、村民监督小组监督管理。

“环境美”逐渐带来了“发展美”，如今，越来越多的贵州村寨恢复了发展的生机，村民们的干劲越来越足，正在向着生态宜居的美丽乡村努力推进。

树新风　乡土田园写诗篇

贵州省黔东南苗族侗族自治州麻江县谷硐镇黄泥村，早上7点30分。

一辆大巴车准时停在村民高家林家门口，目送女儿上了车，高家林跟记者说，女儿在麻江中学读高二，上下学都有车接送，很方便。

“若不是村里通了路，有了直达的大巴车，上学就麻烦了！”高家林说。

原来，村里只有一条泥巴路，坑坑洼洼的，大巴车开不进来，村民出行只能靠蹦蹦车、三轮车、摩托车，晴天一身灰、雨天一身泥……

上学远，没有网络，房子小、隔音差，家里的环境让爱读书的女儿很无奈。

“要是能换个好点的房子、交通再方便一点就好了！”那时，女儿常常这样跟高家林念叨。

如今，这一切都实现了——

2014 年，麻江县通过开展清垃圾、清污水、清坑塘河道、清乱搭乱建等方式，对 168 个自然寨进行绿化美化和环境管理。

接着，2017 年，麻江县被列为全国农村生活垃圾分类及资源化利用示范县和贵州省整体推进农村生活垃圾治理示范县，开始轰轰烈烈地整治农村人居环境。

2018 年，麻江县融资 4 亿多元，充分发挥民间智慧，按照“乡乡有创意、寨寨有特色、组组有新招、户户出亮点”的模式，对 547 个自然寨实施人居环境整治提升工程。

目前，麻江县已建成农村卫生厕所 1.73 万个、农村厨房 1.7 万个，农村污水处理系统 47 处。

现在的麻江，一幅幅乡村美景让人目不暇接——

翁牛村制作微型传统农具，再现古农耕文化；

坝河村利用废旧轮胎、瓦缸、坛子栽花种草，营造田园诗意……

喏，借助县里实施的危房改造工程，高家林一家从木板房搬进了白砖水泥房，一人一间卧室，配有庭院、水冲厕所、独立厨房，还能上网。

每天，村里有 6 班直通县城的大巴车，孩子上学、村民出行都方便了许多。

“姑娘读的是重点班，在班里一直都是前十名！”高家林骄傲地说。

而今，整个贵州农村，都在一步步走向美好生活。

贵州省遵义市仁怀市坛厂镇农村道路改善。 贵州省林业局 供图

生态文明治理观篇——

山水林田湖草是生命共同体

生态是统一的自然系统，是相互依存、紧密联系的有机链条。人的命脉在田，田的命脉在水，水的命脉在山，山的命脉在土，土的命脉在林和草，这个生命共同体是人类生存发展的物质基础。一定要算大账、算长远账、算整体账、算综合账，如果因小失大、顾此失彼，最终必然对生态环境造成系统性、长期性破坏。

要从系统工程和全局角度寻求新的治理之道，不能再是头痛医头、脚痛医脚，各管一摊、相互掣肘，而必须统筹兼顾、整体施策、多措并举，全方位、全地域、全过程开展生态文明建设。比如，治理好水污染、保护好水环境，就需要全面统筹左右岸、上下游、陆上水上、地表地下、河流海洋、水生态水资源、污染防治与生态保护，达到系统治理的最佳效果。要深入实施山水林田湖草一体化生态保护和修复，开展大规模国土绿化行动，加快水土流失和荒漠化石漠化综合治理。推动长江经济带发展，要共抓大保护，不搞大开发，坚持生态优先、绿色发展，涉及长江的一切经济活动都要以不破坏生态环境为前提。

——2018 年 5 月 18 日

习近平总书记在全国生态环境保护大会上的讲话

贵州威宁草海国家级自然保护区。 龙俊 摄。

案例一简介：

2018 年，国务院新闻办发布的全国第三次石漠化监测结果表明，与 2012 年全国第二次石漠化监测相比，贵州呈现出石漠化面积减少，程度减轻发展趋势。

2019 年 2 月，贵州省岩溶地区第三次石漠化监测结果发布：截至 2016 年底，贵州省石漠化土地面积 3705.15 万亩，比 2011 年底的 4535.7 万亩减少 830.55 万亩，减少比例达 18.31%。

同时，贵州省石漠化土地程度呈现逐步减轻的趋势。重度和极重度石漠化土地面积逐步下降，由 2005 年的 52.45 万亩下降到 2011 年的 637.05 万亩和 2016 年的 422.7 万亩。

贵州省黔西南布依族苗族自治州义龙新区德卧镇水井村，种植金银花治理石漠化。 墙忠元 摄

向“地球癌症”宣战

——贵州省石漠化综合治理成效案例

2019 年 2 月，《联合国防治荒漠化公约》第十三次缔约方大会第二次主席团会议在贵州省贵阳市举行。联合国防治荒漠化公约执行秘书易卜拉欣·蒂奥称赞贵州省石漠化综合治理成效时说：“道路两旁的山上，土层很薄，从有些地方出露的石头可以想到没有治理之前的样子，我知道贵州在石漠化地区培育这些良好植被有多么艰辛，我对贵州表示敬意。”

据了解，《联合国防治荒漠化公约》以在全球范围内推动土地荒漠化的预防、治理和恢复为宗旨，以改善受影响地区的生态、改善受影响人民的生活、为全球环境改善作出贡献为任务，目前共有缔约方 195 个。《联合国防治荒漠化公约》缔约方大会，是公约的最高决策机构，每两年举行一次。

贵州是世界上岩溶地貌发育最典型的地区之一，贵州省岩溶土地面积占其国土面积的 61.92%，也是我国石漠化面积最广、程度最深的省份。

近年来，贵州守好发展和生态两条底线，大力实施大生态战略行动，全力推进国家生态文明试验区建设，石漠化防治取得了显著成效——

据我国岩溶地区第三次石漠化监测结果显示，贵州省石漠化土地面积 3705.15 万亩，比第二次监测结果减少 830.55 万亩，减少比例达 18.31%。自 2005 年以来，贵州石漠化土地面积已连续三个监测期持续减少，危害不断减轻，石漠化扩展趋势得到有效遏制。

石漠化防治的不断推进，使得贵州各方面的生态环境得到了显著提升——

2019 年 1 月至 12 月，贵州省 8 个中心城市环境空气质量平均优良天数比例 98%；14 个纳入监测的河流出境断面，全部达到Ⅲ类及以上水质类别；森林覆盖率提高到 59.95%，生物多样性得到了有效保护。

在防治石漠化的过程中，生态环境的改善，也极大地提高了贵州山区贫困户的生产生活条件，有效带动脱贫攻坚，实现了百姓富、生态美的有机统一。

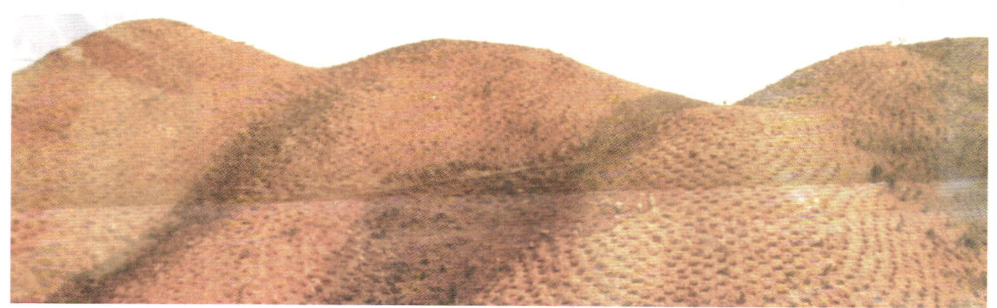

贵州省毕节市织金县石漠化治理前。 贵州省林业局 供图

贵州省毕节市织金县石漠化治理后。 贵州省林业局 供图

治理石漠化　需要组合拳

作为世界上岩溶地貌发育最典型的地区之一，贵州岩溶土地面积占其国土面积的61.92%，是全国石漠化土地面积最大、类型最多、程度最深、危害最重的省份。

石漠化地区往往也是贫困程度最深的地区，防治石漠化，成为贵州打好脱贫致富和生态保护两场战役的重中之重。

坚持“生态与经济并重，治石与治穷共赢”的石漠化防治理念，近年来，贵州探索出了林业建设、产业带动、科技支撑等三种主要治理模式，并取得了显著成效。

林业建设——石头地种出绿“衣裳”。

提高森林覆盖率，降低岩石裸露程度是检验石漠化综合治理成效的根本标志。

2012年以来，贵州省林业部门采取积极有力措施狠抓落实，实现了森林资源持续增长。2012年至2016年的五年间，贵州省累计完成林业建设投资197.71亿元，同比增长60.6%。

贵州省重点以石漠化综合治理、天然林保护、退耕还林、防护林工程项目等林业工程为依托，大力植树造林，贵州省累计完成营造林面积2161万亩，封山育林643.98万亩，中幼林抚育2100万亩，低效林改造600万亩。

石漠化地区石头多、土壤少、多雨却留不住水，要保证树木存活率，贵州积极探索石漠化地区营造林技术，如裸根苗浆根法、爆破挖坑蓄水法、客土造林、鱼鳞坑整地造林、藤本植物修复造林等营造林技术，在贵州的石漠化防治中，被广泛应用。林业行业大规模国土绿化为推进贵州省石漠化全面治理提供了基础保障。

产业发展——石旮旯变成“金窝窝”。

贵州是山区石漠化省份，“八山一水一分田”是贵州自然条件的真实写照。

如何实现“治石”与“治贫”相统一，在石漠化山区生态得以逐步恢复同时，让贫困群众产业结构得到优化调整，经济收入不断增长，是贵州石漠化治理的核心问题。

石漠化综合治理与发展山地高效农业相结合，是贵州在长期的实践中摸索出来的一条成功路子。其结果是，特色林果优势产业得到较快发展，截至 2014 年底，贵州种植茶叶 662 万亩、精品果园 567 万亩。在山地高效农业的强力拉动下，2014 年贵州省农业增加值增长 6.6%，农民人均可支配收入增长 13.1%，增速双双位居全国首位。

在治理石漠化的同时，有效带动林农增收致富。

黔西南布依族苗族自治州贞丰县北盘江镇银洞湾村，95% 以上的面积都是石漠化严重的荒山荒坡。只有通过石漠化综合治理，才能“绝地逢生”！面对困境，银洞湾村积极转变思路，结合当地以喀斯特地形腐殖土壤为主的特征，种植花椒树。

石旮旯地里种花椒，在石头缝里形成灌木丛，水土流失就大大减少，而且还能产生经济效益，从此开创了喀斯特地区“花椒经济”的脱贫致富模式。

此外，贵州还创新治理机制，积极鼓励、培育“公司 + 农户”、专业合作社、大户等承包经营等新型主体参与治理石漠化，通过明确工程责权利主体，规模集中流转石漠化土地，统一规划，科学治理，取得了良好效果。

贵州省安顺市关岭布依族苗族自治县板贵乡坡改梯种植花椒治理石漠化。
贵州省林业局 供图

科技支撑——高科技制住“顽石头”。

近几年来，贵州省林业部门积极开展科技研究，提高石漠化综合治理科技含量。

通过“贵州石漠化地区生态经济型植被恢复模式构建技术研究”，筛选出8种适宜的生态经济型树种，总结归纳出5套树种配置模式，同时，还提炼出了生态经济型石漠化植被恢复技术。

通过实施“贵州喀斯特地区石漠化综合治理监测评价指标体系与监测示范”项目，提出了贵州喀斯特地区石漠化综合治理监测评价指标体系，建立了监测示范区。

通过“石漠化治理中高效益树种产业化技术示范及生态效益评价研究”，对柿树在石漠化治理中的固碳效应及柿树的产业化技术进行了研究探索。

这些科研技术的研究推广应用，为助推贵州省石漠化综合治理提高科技水平起到了重要的作用。

治理显成效　贵州获点赞

“这里是贵州省黔南布依族苗族自治州荔波县，这里的石头上，长出了珍贵的中药材——石斛。”

“这样的治理模式，不仅使生态环境得到恢复，更改善了贫困山区百姓的生产生活条件。”

“通过政府引导、企业牵头、百姓参与的方式，让荒山生绿更生金。”

“经过半个多世纪的不断探索和不懈奋斗，中国已经走出了一条生态与经济并重、治沙与治穷共赢的防治荒漠化道路，全国荒漠

2018 年 11 月，国家林业和草原局局长张建龙（右一），在贵州省副省长吴强（中）的陪同下，考察贵州石漠化地区发展石斛产业成效。 贵州省林业局 供图

2018 年 11 月，国家林业和草原局局长张建龙（右）考察贵州石漠化地区发展石斛产业成效。 贵州省林业局 供图

化土地面积自 2004 年以来，已连续三个监测期持续净减少，初步遏制了荒漠化扩展的态势……”

在《联合国防治荒漠化公约》第十三次缔约方大会第二次主席团会议开幕式前，国家林业和草原局局长张建龙向参会的各缔约方代表介绍中国防治荒漠化的模式和成效。

张建龙说，作为我国石漠化面积最广、石漠化程度最深的省份之一，同时又是我国贫困人口最多、贫困程度最深的省份，贵州是中国践行治石更治贫最好的省份之一。

“本次主席团会议选在贵州举行，就是要组织各缔约方代表参观贵州石漠化治理成效，学习借鉴当地减灾减贫、增绿增收的经验和模式，提振大家防治荒漠化和土地退化的信心和决心。”张建龙说。

在防治石漠化的过程中，生态环境的改善，也有效助推了贵州脱贫攻坚——

贵州将石漠化综合治理与发展林业产业相结合，其中，种植了茶叶 754.1 万亩、刺梨 207.03 万亩、核桃 611 万亩、果树林 583.29 万亩，在治理石漠化的同时，有效带动林农增收致富，取得了生态效益和经济效益双丰收，实现了百姓富、生态美的有机统一。

贵州治石模式　世界关注

2019 年 2 月 27 日，一批国际石漠化治理专家为贵州竖起了大拇指！当天，《联合国防治荒漠化公约》第十三次缔约方大会执行秘书易卜拉欣·蒂奥一行前往贵州省黔南布依族苗族自治州龙里县对石漠化治理成效进行考察。

“刺梨太神奇了！这个独特的树种，让石头山上真的长出了树木。

我要把这个治理石漠化的经验带回菲律宾。”菲律宾参会嘉宾萨穆尔·马布林·顾特拉表示。

观摩中，萨穆尔·马布林·顾特拉一直不停地拍照，每种产品，都要拿在手中仔细观察。萨穆尔认为，种植刺梨治理石漠化效果十分理想，贵州通过“龙头企业 + 合作社 + 农户”方式组织农民种植生产，产业链完善，产品丰富，值得很多国家借鉴。

美国参会嘉宾林德·奥兰是个不折不扣的“吃货”，刚喝完刺梨酒，又拿起刺梨饼，不断点赞：“刺梨汁、刺梨酒的酸味，就像第一次喝咖啡一样，很少有人觉得味道好，但越喝越回味无穷。”

丹宁，是刺梨汁、刺梨酒品尝起来略带酸味的原因。葡萄酒行

2019 年 2 月，《联合国防治荒漠化公约》第十三次缔约方大会第二次主席团会议在贵州省贵阳市召开。执行秘书长易卜拉欣·蒂奥夸赞贵州省石漠化治理成效。
盛亚亿 摄

业将丹宁和色素一起称作多酚物质，其含量和质量是评价红酒质量的重要因素之一。林德·奥兰为贵州通过产业发展治理石漠化，实现生态和发展双赢的举措表示赞叹。

参观龙里县谷脚镇茶香刺梨沟基地后，易卜拉欣·蒂奥十分激动。“我对贵州的石漠化治理印象十分深刻，同时也对贵州表示敬意！我从来没有看到过这么多的山，这些山上的植被都很好。我长期研究环境保护和林业发展，我知道贵州在石漠化地区培育这些良好植被有多么艰辛。”

此次贵州之行，是易卜拉欣第一次见到如此多的高山，见证石山上也能书写绿色奇迹。易卜拉欣认为，在治理荒漠化上，以贵州为代表的中国学识、中国智慧、中国技术都值得世界各国借鉴。

“中国是《联合国防治荒漠化公约》的最佳践行者之一。”

“中国一直大力强调生态文明建设的重要性，‘绿水青山就是金山银山’，这句话可以被称作人类文明发展的原则和公理。”

在看见贵州为防治荒漠化做出的大量努力后，易卜拉欣盛赞不已。

《联合国防治荒漠化公约》中指出，人类正面临着严峻的荒漠化问题。每天，土地退化正导致13亿美元经济损失；每分钟，23公顷土地正在退化。人类应该保护赖以生存的美丽星球。

易卜拉欣表示，很高兴看到，近年来，中国作为负责任的发展中大国，大力推进国内生态文明建设，积极参与全球环境治理，成为全球生态文明建设的重要参与者、贡献者和引领者。

而下一步，贵州还将与全国一起，一如既往地履行《联合国防治荒漠化公约》缔约国义务。与各缔约方、各国际机构一道，携手并肩、共同努力，以实际行动助推全球土地退化零增长目标早日实现。

贵州省安顺市关岭布依族苗族自治县石漠化治理生态修复高效农业园区，火龙果产业。贵州省林业局 供图

案例二简介：

湿地是珍贵的自然资源，具有多种功能和价值，被誉为“地球之肾”“淡水之源”“物种基因库”和气候变化的“调节器”。

草海，是贵州省最大的高原天然淡水湖泊、中国Ⅰ级重要湿地。近年来，贵州着力开展草海生态治理，草海生态环境逐步改善，2019年，贵州草海国家级自然保护区鸟类种类达到246种，越冬期鸟类总数达10万只以上。

此外，贵州还出台了《贵州省湿地保护条例》《贵州省湿地保护修复制度实施方案》《贵州省重要湿地认定办法》等政策和法规，为湿地保护工作提出了明确的目标要求和路径措施，为进一步完善贵州的湿地保护制度奠定了坚实的基础。

贵州省毕节市威宁彝族回族苗族自治县草海国家湿地公园。贵州省林业局 供图

百鸟之都焕生机

——草海国家级自然保护区生态治理案例

草海，是贵州省最大的高原天然淡水湖泊、中国Ⅰ级重要湿地，位于贵州省毕节市威宁彝族回族苗族自治县。完整、典型的高原湿地生态系统，使草海成为了黑颈鹤等200多种鸟类的重要越冬地和迁徙中转站。

同时，草海流域还是金沙江一级支流洛泽体发源地，有13条支流，在贵州境内流域总面积达到420平方公里、蓄水量约3000万立方米。

从20世纪50年代起，随着经济社会迅速发展，城镇化发展步伐加快，威宁彝族回族苗族县县城人口急剧增多，紧邻城市的草海面临水质恶化，湿地面积缩小，生态破坏。水质监测数据更显示，2013年和2014年草海的水质都是处于Ⅳ类、Ⅴ类和劣Ⅴ类。

如果不及时治理，不出30年，草海将完全退化为沼泽，许多珍稀鸟类和鱼类将面临灭绝。

草海的生态问题，在于其复杂的生态关系。

但归根结底，是人与鸟对土地和资源的争抢。

一方面，是“百鸟之都”，完整、典型的高原湿地生态系统，成为黑颈鹤等228种鸟类的重要越冬地和迁徙中转站。

另一方面，是国家级贫困县。草海所在的威宁彝族回族苗族自治县县城，是该县的政治、经济和文化中心。在草海流域，生活着18万人。

2014 年，李克强总理对中国科协呈报的《关于孙鸿烈等 20 位院士专家，< 采取抢救性措施保护草海生态系统的建议 > 的报告》作出重要批示，从此，草海保护与治理上升到国家层面。

对此，贵州省委、省政府高度重视，成立了领导小组。2015 年底，国家发改委批准了《贵州草海高原喀斯特湖泊生态保护与综合治理规划》。2016 年以来，草海综合治理项目稳步推进。有效落实退城环湖、退村还湖、治污净湖、造林还湖“五大工程”，按照“治水、治山、治环境”要求，全面推进截污治湖、退耕还湿、调水补水、造林绿化、移民搬迁工程，有效改善草海水质，减少人为干扰。

长江水利委员会长江科学院 2018 年发布的《草海生态保护与综合治理阶段性成效评估报告》显示，经过 2 年多的努力，草海综合治理已取得了阶段性的成效。

如今的草海，有效控制污染源头，水质向好的趋势发展。

如今的草海，上游重度污染区黑臭现象已消除，高锰酸盐指数、氨氮、总氮、总磷含量基本达到《贵州草海高原喀斯特湖泊生态保护与综合治理规划》目标。

如今的草海，森林覆盖率显著提高，水土流失得到遏制。综合治理区森林覆盖率从2015年的14.68%提高到2018年的28.45%，接近2030年《规划》目标。水土流失治理面积占总面积的83.29%，年泥沙减少64%以上。

如今的草海，生态环境逐步改善，鸟类数量据增多。保护区鸟类种类由2015年的228种增至2018年的246种，越冬期黑颈鹤数量占全国总数的15%左右，鸟类总数达10万只以上。

贵州省毕节市威宁草海春色。 杜军 摄

人与鸟，相依相伴在此间

冬天，是草海最热闹的季节。

黑颈鹤从四川和甘肃交界的大若尔盖地区飞来，灰鹤从哈萨克斯坦飞过来，斑头雁从蒙古国飞过来，还有白肩雕、白琵鹭、松雀鹰、白尾鹞、灰背隼和雕鸮等。

几万只鸟儿，就像春运一样。它们携家带口，飞行成千上万公里，只为了找到最舒适的越冬地。

这里面，最受人瞩目的家庭，当属黑颈鹤了。

这种颈部有黑色羽毛的鹤，又被称为高原仙子。全世界 15 种鹤类中，只有它们终年生活在高原上，被列为国家一级野生保护动物。

黑颈鹤非常恩爱而且专一，实行一夫一妻制，只要建立了家庭关系，它们总是一起筑巢，一起孵卵，一起抚育小宝宝，最后一起迁徙。

看到黑颈鹤这么热闹，斑头雁坐不住了，它们叫上了赤麻鸭，一起过去围观凑热闹。它们围在“鹤老大”周遭，若无其事地徘徊，就像在偷听鹤群的暗语。

除了围着黑颈鹤转，斑头雁和赤麻鸭最喜欢的就是去农民的菜地里找吃的。

翻种过的土地可比芦苇荡好多了，没有坚硬的芦苇茎秆阻挡，可以轻松地把土里的虫子衔出来，享受一顿大餐。而且，地里的蔬菜和收割后残留的洋芋，也是鸟儿们的“心头好”。

这不，冬日的暖阳下，一鸟一牛相对而立，仿佛两个对弈的棋者。

这鸟儿，叫做牛背鹭，是十分聪明的鸟。它静静地看着牛吃草，静静地等待着什么。

当牛儿悠闲地嚼着刚从地里揪出的草，牛背鹭就出击了，牛扯出来的草，根上带着的蚯蚓、蚂蚱、蟋蟀，就是它的虫虫盛宴。

黑颈鹤也好，赤麻鸭、斑头雁、牛背鹭也罢，它们总能相安无事地在一起觅食，而且分工明确。到了午觉时间，还会分批次地在四面放哨站岗。

在草海，还有很多奇怪的鸟，颠覆人们的想象。都说天下乌鸦一般黑，可白颈乌鸦，就是要逆天，在乌黑的身体上，偏偏就带上一条大白颈链。

草海，是这些鸟儿们的家。在草海，有黑颈鹤、白肩雕等 7 种国家一级保护鸟类，有灰鹤、白琵鹭、黑脸琵鹭、雀鹰等 28 种国家二级保护鸟类。

它们构成了草海候鸟的优势种群，每年都有 10 万余只在这里觅食、越冬，渡过最难熬的冬季。

可草海，也是人类的家。人们世世代代，逐水草而居，在湿地的周边，耕种、打鱼、劳作，和鸟儿们一起，繁衍生息。

诗意草海。 唐福德 摄

人与鸟，争争抢抢有烦恼

人和鸟，共同生活在一片土地。

人进鸟退、鸟进人退，成了草海绕不开的发展难题。最为严重的争端，出现在 20 世纪 50 年代和 70 年代——

1958 年，为了得到更多的耕地，威宁群众开始了排水造田，草海的面积从 45 平方公里减少到了 31 平方公里。

更可怕的是，来这里越冬的鸟类甚至成了人们补充营养的食物来源，大量的鸟类成堆成堆地放在街边叫卖。

1972 年，随着人口密度越来越大，粮食产量越来越低，草海再次进行大规模围湖造田，水域面积仅存 5 平方公里，运行了若干世纪的高原湖泊生态系统土崩瓦解。

人进鸟退，引发了一系列意想不到的现象——

不仅鸟类大大减少，年产量 15 万公斤的鱼没有了，许多物种灭绝了，而且春旱加剧，古老水井干涸，冰雹增多、霜冻严重，虫害、鼠害猖獗。

鸟儿失去了栖息地，人也遭到了大自然的惩罚，周边地区气候发生了恶劣变化，人们醒悟了过来。

草海黑颈鹤。 苗麒麟 摄

1980年，贵州省政府决定恢复草海水域，并于1985年成立了草海自然保护区，启动退耕还湿政策，禁止在保护区核心区和缓冲区的一切生产活动。

草海的生态环境得到逐渐恢复，鸟类开始重返家园。

此后，贵州还通过各种举措，恢复草海往日的活力。

——退耕还湖。实施了6万亩退耕还湿征地工程，包括解除恢复草海时淹没的33亩农民承包土地关系，恢复湿地800公顷，建设栖息地、觅食地1.8万亩。

在草海，黑颈鹤成双成对，翩翩起舞。 贵州省林业局 供图

——退城还湖。废止了原与保护区面积重叠的县城总体规划，收回土地全部用于植被恢复。通过不断完善配套服务功能，优化城市布局，改善人居环境，把湿地保护与城市发展有机结合起来，努力打造生态宜居城市。

——退村还湖。对草海周边14个村6151户实施搬迁，从源头上减轻环境压力。同时，通过修建安置房，划定安置地，助力生态移民地区困难群众脱贫。

——治污净湖。对人口密集的老城区，污水通过1万吨污水处理厂处理，尾水经人工湿地和天然湿地进一步净化达标后进入草海；对人口分散的村寨，建立分片集中式、入户式污水收集系统，有针对性地建设了19个分散式污水处理系统工程。对入湖河流，逐步在入湖口前端修建人工湿地，增强泥沙和污染物拦截消纳功能。

——造林涵湖。实施退耕还林0.4万余亩，低效林改造1.05万亩，水源涵养林266.7公顷，石漠化治理2.1万亩。新增林地面积4.35万亩，治理区森林覆盖率从2015年的14.68%提高至2018年的28.45%。

人与鸟，和和美美不是梦

人和鸟，共同生活在一片土地。

人类在发展，鸟儿在进化，大自然本身，也在努力地寻找平衡点。

时间久了，就生出了许多的默契。

鸟儿，谦让着人类，也依靠着人类。

随着农民的耕地不断扩大，它们也在逐渐改变自己的食谱，不断尝试利用人类社会的发展成果。

水域里长了很多芦苇，那高高的茎秆就像一根根旗杆，密密麻麻地挺立在地里。

黑颈鹤等大型水鸟钻不进去，小型水鸟就算钻进去了，也没有可供取食的东西，因为坚韧的芦苇鞭占满了地面，容不下其他植物的生存。

可是，农民的耕地不一样。翻种的土地，泥土更加蓬松，给了蝼蛄、蜻蜓、螺蛳、蚯蚓等虫子足够的生长空间。

而残留在地里的蔬菜和洋芋，也是饱腹的食物。

而随着人们保护意识和保护手段的不断增强，鸟儿在这里生活，也更有安全感。

草海国家级自然保护区的巡湖员，是被鸟儿们视为朋友的。

为了让远道而来的鸟儿们吃好、住好，安全越冬，不管天气如何变化、寒雾多重，巡湖员们总是一如既往地，在黑颈鹤“起床”之前提前到达夜栖地，观察着鸟儿们的一举一动。

当黑颈鹤起飞的时候，他们用最快的速度将当天黑颈鹤的数量数清楚，记录下来，并且仔细观察黑颈鹤的越冬情况，看看与前一天有什么变化。

夜晚，他们要不时起来查看一下夜栖地是否受到人为干扰，听听鸟儿们的叫声是否安详。

当恶劣天气到来时，草海周边也会冰冻，增加了鸟儿们觅食的难度，他们会增加一项工作任务——给鸟儿们投食。

他们要把新鲜的土豆、玉米等用背篼背到较为空旷、干燥的地方，一把把地撒在地上让候鸟来啄食。

如果遇到水面结冰，鸟儿们饮水都成了困难，他们还会将冰面凿开一片，让候鸟更容易获得水和食物。

每天，他们都要巡查入湖污染源、打捞空心莲子草和湖面漂浮植物、清理入湖垃圾、清除外来疯长的高秆植物，以防坚硬的茎秆刺伤鸟儿。

一旦发现鸟类受伤或生病，他们会及时给它们做简单的救治，并请来医生救治。

据了解，多年以来，经他们救治后回到大自然的鸟儿有100多只。

数字虽然不大，却关系到100多个鸟类家庭。因为这些鸟儿都是固定的配偶，失去了配偶的鸟儿，伤心忧郁，常常守着配偶的尸体久久哀鸣，不愿离去。

草海黑颈鹤。 代君 摄

巡湖员的精心呵护、无微不至，鸟儿都看在眼里。

众所周知，黑颈鹤是十分精明的鸟，一旦有人靠近，远在 10 多米外的它们就会飞走，可是这些鸟儿却不怕巡湖员。

“我们拿起一米多长的锄头做农活，它们也不怕，还在我们翻过的地里面找吃的。感觉它把我们当成兄弟、朋友。”巡湖员朱锡勇说。

朱锡勇这样的巡湖员，草海有 40 多名，但是仅靠他们的力量，是无法完成草海的深度保护的，必须加强全民保护的意识。

为此，草海启动了生态公民培育工程，并在 2018 年第 22 个“世界湿地日”当天，为 50 名首批“草海生态公民”颁发荣誉证书。

这些“草海生态公民”将以自己的实际行动为示范，带动更多公民参与草海湿地和野生动植物的保护，做到全民共享生态环境、全民参与共治生态环境。

通过多年的努力，草海里人与鸟之间的关系也渐渐缓和，趋于和谐。

“20 世纪 80 年代，草海管理委员会建立以前，农村摆酒的第一道菜是野鸭。”

“冬天一到，湖面冻上了，鸟没有东西吃，就把周边居民过年的蔬菜粮食全部偷吃了，人们看到就打。”

“现在，从小孩子到大人，都知道鸟是我们的朋友，也不打了，也不吃了，发现家门口有走失的鸟，还会保护起来……”

人和鸟，可以拥有共同的美好的家。

朱锡勇的话，就是见证。

威宁草海黑颈鹤。 贵州省林业局 供图

案例三简介：

乌江，贵州第一大河，长江上游南岸主要支流和生态屏障。

乌江，横贯贵州，流域面积 8.78 万平方公里，约占贵州省面积三分之一。常年径流量 532 亿立方米，占贵州省水量的 37%。贵州省约有 2300 万人生活在乌江流域，贵州省 GDP 和财政收入的 70% 以上都诞生于乌江流域。

但是乌江流域内也有磷矿资源富集的磷化工生产基地，总磷超标一直是乌江治理的难点问题。

近年来，贵州组合拳频出，举贵州省之力提升乌江生态治理能力，乌江生态环境质量得到明显改善。2019 年，乌江 57 个河流地表水监测断面 Ⅰ 至 Ⅲ 类水质断面占 98.2%，同比上升 1.7 个百分点，总体水质为优。其中，乌江干流 7 个监测断面 Ⅰ 至 Ⅲ 类水质断面达到 100%，较 2017 年上升 42.9 个百分点，水质改善明显。

乌江山水。 赵洪波 摄

还乌江一江清水

——乌江流域治理案例

2009 年 3 月，乌江渡电厂大坝下游河段被大量肥皂水般的白色污水掩盖。

刺鼻异味充溢两岸，死鱼死虾翻出白肚，久负盛名的“乌江鱼”产业遭受重创。

生态灾难突如其来！

乌江告急！乌江告急！

发源于贵州省毕节市威宁彝族苗族自治县境内的乌江是中国长江上游右岸最大支流，贵州省内第一大河，绵延 1037 公里，流域面积 8.79 万平方公里，流经贵州省 8 个市（州），是贵州的母亲河、中国革命的英雄河。

拯救乌江，一分钟也耽搁不起。数十名专家星夜兼程，与时间赛跑，寻找污染罪魁。

一处 1977 年区域水文地质普查报告标注的岩溶泉被迅速找到。无声的泉眼，流出的是总磷、氟化物重度超标污染泉水。

当年的报告上，这个泉眼被标注为 34 号泉眼。

如今，位于乌江河道内的这口泉眼成了一颗恶化流脓的“毒瘤”，一条肆虐南岸的“毒龙”，一把插进母亲河胸膛的匕首。

34 号泉眼，34 号泉眼！这个沉寂了 32 年，却在一夜之间人尽皆知的泉涌，当地群众称为“死亡之泉”，谈之生畏。

乌江之殇事关库区沿岸数万人饮用水源安全！事关全流域经济

社会协调发展！事关贵州省能否守住两条底线！

再毒的龙，也要缚住！贵州省委、省政府高度重视，将 34 号泉眼列为贵州省政府环境污染治理“1 号工程”。

“毒泉眼”变清泉眼

治理 34 号泉眼，最大的难题来了。

联合专家组几番深入调研勘察，却始终找不出污染主体责任方，“34 号泉”成了无主之泉。

时间紧迫！时间紧迫！

“34 号泉眼”平均每小时涌水量达到 2000 立方米，每流逝一秒，母亲河的胸膛中就将多一滴泣血的泪！

地下的事情似乎很难说清楚，这是喀斯特地形带来的世界性难题。但地上的事情必须有人担当。

距离 34 号泉眼 16 公里之远的开磷人坐不住了！“找不到污染的源头，这事我认！我是国企，我来干！”

决心很大，随之而来的治理难度，也让开磷人倒吸一口凉气：

如果就地堵上，可能造成整个大山塌方！

如果全部收集 34 号泉的污水进行治理，投资似乎是个无底洞！

做磷的生意，开磷人是一把好手；治理这个泉眼，大家心里没底。

贵州省委、省政府强力指挥，迅速制定了治理路线图。

业内顶尖专家赶来了，厅局单位土地协调组到位了，开磷人所有的顾虑都打消了！

打赢，意志如钢：缚住“毒龙”，攻克世界性岩溶泉污染源治理难题。

争分夺秒，几千个夜以继日的奋战，一连串清晰铿锵的足迹：

2010 年 1 月，投资 1.4475 亿元，建设一级泵站、二级泵站各一座，25 公里 DN500 输水管道；

2013 年 12 月，建成投用乌江回水 2 号管线；

2014 年 4 月，投资 5500 万元开展乌江水污染深度治理工作；

2015 年 7 月，补充工程一级站磁混凝系统与二级站渣水分离联动试车运行；

……

污水得到了有效治理，乌江水质重新恢复到三类。为了这个“冤无头债无主”的泉眼，开磷控股集团投入了近 5 亿元，今后每年还得投入 3500 万元。

急难之处显担当。不少人给开磷人竖起了大拇指：你们干了一件值得颂扬的大好事。

“虽然这是一场没有产出的投入，但爱护乌江，就是爱护我们自己的家。”站在 34 号泉眼污水处理系统高塔上，参与工程设计和监督全过程的开磷控股集团质量检测中心总经理赵先明若有所思。

他脚下的污水处理系统正在全速运转，每天高浓度含磷泉水被抽出后，经过中和池、熟化池、沉淀池、过滤池，直至达标，一部分通过十多公里的管道抽回开磷厂区作为工业用水，一部分流入滚滚乌江。

“从最初粗犷式发展到今天走精细化工之路，我们早已认识到发展。首先要保住生态效益，其次才能获得经济效益。”在开磷控股集团党委书记、董事长何光亮看来，开磷人即便承受着经济下行的重压，治理乌江的这份投入只有增多绝不会减少。

开磷人并不孤单。2014 年 8 月，乌江流域实施生态文明制度改革正式启动。从守住底线做起，政府和相关部门联手。首先，集中整治了煤矿和磷化工企业污染，50 余家矿井废水和生活污水设施不完善的煤矿企业被要求实施“一矿一废水处理站”。其次，面对生活污染源出重拳、零容忍，在乌江流域内建成投运了 92 座污水处理厂，2014 年累计处理污水 44331 万吨，极大改善流域水质情况。

“牛奶河”变清水河

“乌江的水，终于回到了记忆中的样子，同 20 多年前相比相差不大。”漫步在乌江河边，一眼望去碧波荡漾，迎着河面吹来的清风，

年近六旬的赵文全感慨到。

赵文全家住遵义市播州区乌江镇中大街，距乌江仅 3 公里。回想起几年前，这里还被村民称为“污江”，“河水有酸臭味，周边的垃圾和污水也往河里倒，乌江简直看不下去”。

作为贵州的“母亲河”，乌江水清则贵州水清。过去几年来，贵州省不断加强乌江流域生态治理与保护，乌江流域水环境质量总体保持稳定趋好。2019 年，乌江 57 个河流地表水监测断面Ⅰ至Ⅲ类水质断面占 98.2%，同比上升 1.7 个百分点，总体水质为优。其中，乌江干流 7 个监测断面Ⅰ至Ⅲ类水质断面达到 100%，较 2017 年上升 42.9 个百分点，水质明显改善。

乌江画廊美景。遵义市委宣传部 供图

更为重要的是，贵州坚持“生态优先、绿色发展”，通过狠抓乌江流域生态保护，推动绿色发展促群众脱贫增收，走出了一条人与自然和谐、经济与生态相融的绿色道路。

“现在全靠这个污水处理厂，排进乌江的水质绝对达标。”站在贵州省铜仁市沿河土家族自治县城区污水处理厂的出水口，沿河土家族自治县水务局局长付兴斌介绍，生活生产污水经过数十道生物工艺处理后，变成清澈的一级 A 标水。

“过去县城生活污水日处理能力只有 4000 吨，雨污没有分流，导致大量生活污水直排乌江。”付兴斌说，现在县里投资 1.4 亿元的县城生活污水二期工程已经投入使用，7000 吨的日处理量有效解决了县城过去生活污水直排问题。

作为乌江贵州段的“最后一站”，沿河土家族自治县近几年累计投入 6 亿多元改造管网和建设污水处理设施，目前生活污水日处理能力达到 1.4 万吨，污水处理短板正在加快补齐。

沿河土家族自治县还在县、乡两级成立了以主要领导为组长的农村生活污水治理工作领导小组，制定了《农村生活垃圾和生活污水处理实施方案》，对乌江流域两岸乡镇和村寨出水水质执行《城镇污水处理厂污染物排放标准》一级 A 标。同时，将乌江流域周边、水库和生态保护区等环境敏感地区以及美丽乡村示范区、中心村、传统村落等农村生活污水纳入重点治理规划。

不只是在沿河土家族自治县，乌江沿线各地狠抓基础设施短板，着力解决城乡污水处理难题。在贵州省铜仁市思南县乌江沿岸乡镇，10 座污水处理厂高速运转，境内 20 余条主要河流水质达标率 100%；贵州省黔南布依族苗族自治州瓮安县建成 19 座污水处理厂，实现乡镇全覆盖；遵义市播州区实施“治污治水·洁净家园”行动，在 82 个行政村完成了农村环境整治工作，建成农村生活污水处理设施 40 余座。

与此同时，贵州省以农村环境整治为抓手，治理农村面源污染，减少农村面源污染对乌江的影响。各地针对生活垃圾的处置也正在逐步完善村收集、镇转运、县处理的模式。如今，乌江沿岸城乡垃圾污水处理短板正在加快补齐，曾经“污水靠蒸发，垃圾靠风刮”的场景，已经不复存在。

贵州省乌江水电开发有限责任公司构皮滩发电厂开展珍稀鱼类增殖放流活动。
杨洪 摄

乌江清则贵州水清

治理乌江是贵州建设国家生态文明试验区的重要举措。生态治理加快了乌江流域“腾笼换鸟”、调整产业结构的步伐。

2018 年，贵州省出台磷石膏“以渣定产”政策，磷石膏产生企业消纳磷石膏情况与磷肥、磷酸等产品生产挂钩，倒逼企业加快磷石膏资源综合利用，加快产品、产业转型升级。

“从 2018 年起，在库存磷石膏实现安全堆存的情况下，企业全力以赴推进磷石膏资源化综合利用。”开磷集团党委书记、董事长何光亮说，目前企业磷石膏总储量 1.2 亿吨，除了用于生产新型建材，贵州磷化集团还通过技术创新，将磷石膏改性后用于矿井充填置换矿柱，可以将磷矿资源的回采率由 50% 左右提升至 90% 以上，还可以有效避免采矿区地表塌陷问题，磷石膏正逐步“变废为宝”。

网箱养殖——导致乌江流域富营养化主要因素之一。2016 年底

乌江流域拆除网箱养鱼。 穆明飞 摄

以来，贵州省乌江流域共拆除网箱养殖面积 8827.72 亩，目前已实现全流域“零网箱”，并助力“上岸渔民”发展生态渔业、蔬菜、水果、畜牧养殖等产业。

“本以为网箱拆除后，养鱼这碗‘饭’肯定得丢，没想到上岸后还能继续，日子依旧有盼头。”在贵州省遵义市播州区池塘循环流水养殖技术示范基地，养殖户朱大生开心地说。

在乌江里养鱼，原本是朱大生一家维持了 20 多年的生计。2018 年贵州全面取缔网箱养殖以后，他带着自己的 6 万多斤存鱼一起“上岸”，在播州区政府的帮助下，利用池塘循环流水养殖技术搞起“生态养鱼”，不仅解决了自身的发展，还解决了几户农户的就业问题。

同样因为取缔网箱养殖而“上岸”的还有皮禄江，他是黔南布依族苗族自治州瓮安县江界河镇渡江社区居民。在拆除了 10 个网箱后，皮禄江获得了政府 2 万元补贴，吃了十年“养鱼饭”的他现在买了快艇，种了 6 亩蜜柚，在江界河国家级风景名胜区吃上了“旅游饭”。“现在水质好了，来乌江旅游的人多了，搞旅游一年也有好几万元的收入。”皮禄江说。

如今，乌江流域网箱养殖已全部取缔，重还乌江水域“水清、岸绿、景美”。践行“生态优先、绿色发展”理念，贵州下大力气转变发展方式，曾经的“污江”重现光彩，也开启了经济发展新途径。

推进生态文明建设，就是要正确处理好生态环境保护和发展的关系，乌江流域生态治理和保护，正是知行合一走以生态优先、绿色发展为导向的高质量发展新路子，实现经济社会发展和生态环境保护协调统一、人与自然和谐共处。

案例四简介：

长江经济带覆盖上海、江苏、浙江、贵州等11省（直辖市），面积约205万平方公里，人口和生产总值均超过全国的40%，是我国经济重心和活力所在，也是中华民族永续发展的重要支撑。习近平总书记指出，要坚持共抓大保护、不搞大开发，加强改革创新、战略统筹、规划引导，以长江经济带发展推动经济高质量发展。

近年来，贵州省把修复长江生态环境摆在压倒性位置，积极推进落实废弃露天矿山生态修复工作，截至2020年2月底，累计完成投入5861.75万元、完成治理面积为4048.74万亩。

作为纳入贵州省长江经济带废弃矿山综合治理工作项目的毕节市金沙县新化乡化竹煤矿，自启动废弃矿山生态修复治理工程后，实现了“三变”，即“变废弃资源为绿色资产”“变关闭矿区为农业园区”“变贫困农业为园区工人”，收到了良好的生态效益、经

贵州省毕节市金沙县新化乡的废弃露天矿山摇身一变成为精品果园。
贵州省自然资源厅 供图

昔日荒芜废弃的煤矿山
今日生态旅游的好去处

——贵州省金沙县新化乡化竹煤矿生态修复案例

初春时节，乌蒙山间还有丝丝凉意。在位于贵州省毕节市金沙县新化乡化竹煤矿的地质环境综合治理点，一株株小松树身姿挺拔，风一吹过，鲜嫩的绿叶摇曳。望向远处，几只野鸭正在水中畅游，湖光山色，一片悠然。

很难想象，4 年前，这里还是地表塌陷、山体开裂、满目疮痍的废弃煤矿区。

20 世纪 80 年代前后，金沙县新化乡化竹煤矿因长期炼硫，很多区域寸草不生，地表呈裸露状态，导致地质灾害频发，影响当地村民的生命财产安全和生态环境。

绿水青山就是金山银山。近年来，乌蒙山区守住发展和生态两条底线的理念深入人心，追求“百姓富、生态美”的方针逐渐清晰。结合长江经济带废弃露天矿山生态修复工作，金沙县启动矿山治理工程。积极进行地灾治理、生态修复、土地整治和高标准农田建设、景观再造工程。

本着宜林则林、宜草则草、宜耕则耕的原则，将原来石漠化、荒漠化的荒山秃岭平整为可以耕作的农田，并对原硫磺厂造成污染和地质灾害影响区域进行彻底的治理，消除了原来受开采活动产生的地表开裂、塌陷、滑坡、地下水位下降等地质灾害。探索出一条矿山地质环境恢复和综合治理、地质灾害移民安置和农业现代化的路子，通过治理后形成矿区发展新模式。

如今，乌蒙大地富民兴业的绿意，日益醉人。化竹煤矿的成功治理，为长江经济带探索出了一条生态修复、绿色发展的新路子，结合美丽乡村建设，实现百姓富与生态美的有机统一。

地灾治理，荒山的“点绿之术”

“没想到，一块废弃之地能变成这么美丽的公园。”走进化竹煤矿地质环境综合治理点，金沙县国土资源局局长熊江屏说。

守住生态红线，在治理过程中，金沙县通过实施生态“复活”工程，围绕山、水、林、田、湖、草，不断加大各类生态环境要素和现代农业基础设施建设，打造自然生命共同体。

科学规划推进治理。编制实施《金沙县化竹煤矿矿山地质环境保护与恢复治理工程环境治理设计方案》，以避免在治理过程中造成二次环境破坏和环境污染。

完善基础设施建设。煤矿与新华乡签订垃圾回收协议，生活垃圾集中到乡垃圾处理场进行处理，其他固体废弃物交由有资质的相关单位进行处理。购置移动式洒水车三台并投入使用，在储煤场地安装固定式喷淋装置进行降尘等。

此外，在金沙县平坝乡建设引水站，铺设 3000 米引水管路到复垦区，修建 1000 立方米、800 立方米蓄水池各一处。架设专用喷淋设施对复垦区进行灌溉，喷灌覆盖面积达 300 多亩；修建机耕道路 3200 米，通村道路 1200 米、截排水沟 3100 米。

推进矿山复绿工程。截至 2020 年 2 月，累计完成治理面积达

贵州省毕节市金沙县新化乡化竹煤矿生态修复前。 贵州省自然资源厅 供图

贵州省毕节市金沙县新化乡化竹煤矿生态修复后。 贵州省自然资源厅 供图

1655 亩，完成平整面积 1365 亩，完成复绿面积 1287 亩，恢复林地面积 790 亩，其中完成种植优质果树 350 亩，栽种各种树苗达 15 万棵；种植黑麦草、紫花苜蓿、白三叶草种、波斯菊等草种 6.9 吨，成活率达到 95% 以上。

美化靓化生态环境。在新化、大田、安洛几个乡镇周边，建设一处水面面积达 127 亩的人工湖，放养鱼苗 5 万尾；铺设沿湖景观道路 1300 米，种植红叶石楠、小杜鹃、月季、金叶女贞等景观树；对原管道输水改造成地面水渠。为给当地村民营造一个休闲之处，在复垦区内建设两处凉亭、一处长廊及公共卫生设施。

恢复了绿水青山，原来满目疮痍的废弃煤矿也成了一道亮丽的风景。

绿色矿山，群众的“脱贫快车”

资源型企业，都会面临资源枯竭，尤其是贵州的民营煤矿企业，开采没几年就面临关闭、废弃。原来地下开采煤矿，风氧化带和小煤窑开采、矿井建设和生产时期的各种保护煤柱以及厚度低于 0.8 米的煤层，都被列为不可开采资源，随着矿井的关闭，这些资源将被永久埋藏地下。

在治理过程中，贵州省毕节市金沙县对废弃的资源进行二次回收，有效地增加了煤炭资源的回收和再利用。自治理工程实施以来，已累计回收残煤 255 万吨，其中电煤 200 万吨，有效缓解了金沙县 2 个电厂阶段性电煤供应紧张局面。

此外，金沙县利用治理工程整治出来的土地，投资成立农业开发有限公司，统一对农业园区实施规划与开发。目前已完成经果林

对废弃残煤进行二次回收，有效提升了煤炭资源的再利用。
贵州省自然资源厅 供图

种植 350 亩、建设高标准食用菌大棚 10 栋。

通过“企业 + 合作社 + 贫困户”扶贫模式，完善资产收益助推脱贫攻坚。农业开发公司、新化乡人民政府、新龙村农业合作社三方签订《村企合作助力脱贫攻坚共建小康社会帮扶合作协议》，利用整治出来的土地，发展休闲观光农业示范项目，通过新的产业发展产生的效益按照 6 ∶ 3 ∶ 1 的比例，即效益的 60% 用于企业发展管理资金，30% 给予新化乡 10 个村集体经济股份合作社，10% 给予项目所在村新龙村。实现企业、村集体和村民共同发展。

在治理工程实施过程中，化竹煤矿实时和新化乡政府对接，尽最大可能招聘本地贫困村民进矿工作，在企业发展的同时，带动当地村民脱贫致富。在治理工程中直接就业的当地村民有 180 多人，每月给当地村民带来超过 30 万元的收入。

化竹煤矿对矿区内受历史遗留地质灾害影响的村民实施搬迁，截至 2018 年 7 月 30 日，累计搬迁 62 户居民，补偿款达 1400 万元 / 人。按照相关政策对土地进行流转，村民直接获得流转土地资金。支付土地流转资金达 4000 余万元。通过治理工程的实施，实现脱贫攻坚，大地得绿，村民得利，社会得益。

“我们老百姓是船，企业就是载我们的水。”来自新化乡新龙村一组的杨进波谈起受益的经历满是感激。过去，他为了供养残疾的妹妹和三个娃，常年在外奔波打工。“多亏政府和企业拉了我一把，在这里工作，一个月能挣 4000 多元。”

在乌蒙山区，由“黑”转“绿”的矿山，让越来越多的农户搭上了“脱贫快车”。

2018 年 6 月 30 日，毕节市现代高效农业示范园区建设领导小组办公室将化竹煤矿治理工程列为市级农业产业园区，为关闭矿山转型升级和持续发展探索出一条新路。

利用治理工程整治出来的土地发展农业产业。 贵州省自然资源厅 供图

科技支撑 治理的“智慧大脑”

我国经济社会进入高质量发展新时代，科技创新正加速发展，深度融合、广泛渗透到各个方面。

保护绿水青山、保障自然资源可持续利用、实现自然资源治理体系和治理能力现代化均离不开科技创新的有力支撑。

金沙县在煤矿生态修复治理中，与 ETS 贵州楠林生物科技有限公司、贵州荣源环保科技有限公司、西南大学、贵州工程应用技术学院等科研院所开展技术合作和交流。西南大学园林园艺学院、贵州工程应用技术学院均在化竹煤矿挂牌建立了产学研实训基地。

此外，金沙县还与贵州博盟科技有限公司合作，引入无人机航测技术，建立大数据平台，并与毕节市地质灾害监测平台联网。对作业区进行定期监测，加强对排土区稳定性监测，对沉降、位移情况建立监测档案，及时修正排土区的技术参数，确保安全，杜绝产生新的地质灾害隐患。

用科技力量恢复土壤健康，助推农业产业发展。探索实施土壤“吸养”工程，得到国家“十二五”科技支撑计划“渤海三粮仓科技示范工程”项目负责人、中科院 ETS 生物技术科学家刘长生专家的指导，充分运用先进的 ETS 土壤改良技术，让矿区土壤充分吸收外来“养分”，降低重金属含量，达到种植条件和绿色安全食用标准，以保证农产品“产得出、过得关、销得快、收得多”。2018 年，化竹高效现代农业示范园区生产的食用菌产品取得贵州省农业委员会颁发的“无公害农产品产地认定证书”。

2018 年 8 月，贵州省矿山地质环境保护与恢复治理现场会在金沙县召开。中央部委和贵州省有关领导，贵阳、六盘水、毕节、黔南、黔西南五个市（州）国土资源局分管领导及 20 个重点产煤县（市、区、特区）绿色矿山建设领导小组组长等参加现场观摩或现场会。

当天上午，观摩组一行到新化乡化竹煤矿观摩矿山地质环境保护与恢复治理现场，详细听取矿区有关负责人的汇报后表示，新化乡化竹煤矿在政府政策支持下，积极引进科技自主治理，消除地质灾害隐患，生态环境逐年向好，积极地落实了贵州省三大发展战略，形成政府主导、政策扶持、社会参与、开发式治理、市场化运作的矿山地质环境恢复治理新模式，新化乡化竹煤矿所积累的经验很值得推广。

从废弃煤矿摇身一变，成为现代高效农业示范园区。 贵州省自然资源厅 供图

宜居宜游 旅游的“黑马选手”

要充分认识到矿山治理的重要意义，按照严守绿色生命线，培育绿色生产力，增强绿色竞争力的要求，抓好矿业的发展，要出实招，全面推进绿色矿山治理的各项工作，全力督促企业做好绿色矿山创建工作。

要强化综合治理，紧盯未完成的治理任务，统筹兼顾，综合施策，高标准、严要求推进治理工作，要强化工作合力，保持齐抓共管的良好局面。

要吃透政策，因地制宜，使用好矿山地质环境治理恢复基金，全面提高治理标准，把好事办好，实事办实。确保绿色矿山治理工作成效，要强化组织领导，实施好监督考核，用实实在在的举措，推动问题的解决。

要正确处理矿山发展与生态环保之间的关系，及时扛起生态保护主体责任，积极探索绿色矿山创建的有效路径，切实做到设备全面升级，产能全面提升，环保全面达标，推进矿业经济转型发展，为绿色生态建设作出应有的贡献。

按照2018年贵州省矿山地质环境保护与恢复治理现场会的精神，金沙县开启了新的谋划——

以大健康产业为主导，推动文化与产业深度融合，构建集民族医药、康体养生、旅游观光、休闲养老、特色农业、科普教育、健康管理为一体的山地特色大健康产业园区。

该大健康产业园区具有八大功能分区，即观光生态农业园种植区、汽车露营区、溶洞观光区、现代矿业观光区、游乐区、养生养老区、特色民族文化游览区、配套及服务功能区。

实现“地面一园八区，地下一洞双城”。因地制宜打造金沙县新化乡宜居宜住宜游“花园式”名胜风景区。

下一步，金沙县将以化竹煤矿的矿山地质环境治理工程为核心，将周边的大田乡十里杜鹃、万亩中药材种植基地整合起来，连片打造百里杜鹃东部景区。

以治理区域为核心，利用已整治出来的土地，与百里杜鹃景区错位发展，建设沿湖景观和游乐设施、康养和拓展运动等设施，打

造成渝避暑康养基地。

整合大（田）、新（化）、安（洛）三乡苗、彝、满、布依等少数民族风情，建设民族风情小镇。同时挖掘张大权等金沙县英雄人物事迹，建设张大权纪念馆、国防教育等设施，打造爱国主义教育基地。

通过系列工程建设，将化竹高效现代农业示范园区、旅游观光、中药材种植基地紧密地联合起来，建设金沙县西花园、百里杜鹃东部新景区，最终实现企业转型升级，构建新的产业体系。

贵州省毕节市金沙县化竹煤矿的成功治理，为长江经济带探索出了一条生态修复、绿色发展的新路子。 贵州省自然资源厅 供图

案例五简介：

贵州省铜仁市万山区被誉为“千年丹都”，其汞矿储量和产量都曾位居亚洲前列。因过度开采，2001年，万山区汞矿实施政策性关闭。作为一座典型的资源枯竭型城市，万山区要与全国同步全面建成小康社会，必须抓好转型发展。

面对严峻的形势，万山区积极谋求产业转型升级，实施“旅游活区”战略，对数千年汞矿开采、冶炼遗留下来的矿业遗迹和地下坑道进行旅游开发，编制申报了万山国家矿山公园项目，并成功获得国土资源部批准。2009年10月，万山区国家矿山公园正式揭碑开园，拉开了矿区涅槃的序幕，开始了旧貌换新颜的征程，也实现了由“卖资源”向“卖旅游”的转型。

万山的成功转型实践，成为资源枯竭型城市转型发展的一个范例，成为贵州牢牢守好发展和生态两条底线的生动样本，为中国和世界同类地区转型发展提供了非常好的案例和示范。

中国汞都·清凉万山。 贵州省自然资源厅 供图

汞矿废墟变金山 中国汞都又逢春

——贵州省万山区汞矿生态修复案例

贵州省铜仁市万山区的朱砂开采距今已有3000多年的历史。

20世纪六七十年代，贵州汞矿达到前所未有的鼎盛时期，以汞矿资源偿还苏联外债15亿元，为国家做出了卓越贡献，成为新中国第一个行政特区，被周恩来总理誉之为“爱国汞”。

但由于长期的矿业开发造成了大量采矿塌陷区、森林覆盖率急剧下降等生态问题，2001年，贵州汞矿因资源枯竭实施了政策性关闭破产，万山区因失去支柱产业而陷入发展困境。

困难之时，产业转型迎来了转机。

2009年3月，在党中央、国务院的关心下，万山区被列为全国第二批资源枯竭型城市之一，成为贵州省唯一享受国家资源枯竭型城市政策扶持的地区。

2010年，国家发改委、贵州省人民政府相继批准了《资源枯竭型城市贵州省万山特区转型规划（2010－2020年）》，要求万山区大力实施“产业原地转型、城市异地转型”发展战略，成为全国唯一“双转型”城市。

2011年10月，万山区被国务院列为武陵山片区区域发展与扶贫攻坚规划（2011－2020年）中心城市，享受国家连片特困地区特殊的扶贫开发政策。

2013 年 5 月 4 日，习近平总书记对万山区转型发展作出重要批示，要求用好国家扶持政策，加快推动转型可持续发展，为实现与全国同步全面建成小康社会作出积极贡献。

近年来，万山区通过矿山地质环境治理，极大地改善了当地生产生活条件，并成功变废为宝，促进各部门资金整合 6 亿元，撬动了市场资本 20 亿元，促进矿山旅游潜力挖掘和展现，推动地方实现了由“卖资源”向“卖风景”的转变。

今日的万山，因为汞工业文明和矿山旅游而重现辉煌。

治理——守住生态底线

由于长期的汞矿资源开采，造成万山区地质环境破坏严重。同时，因大肆砍伐林木用于汞矿开采和坑道支撑，导致该区森林覆盖率急剧下降，水土流失十分严重。

守好生态底线，万山区牢固树立“绿水青山就是金山银山”发展理念，紧紧围绕“创建绿色发展先行示范区，全力打造绿色发展高地”目标，以生态修复为核心，精准发力，通过工程治理与自然恢复相结合，对全区历史遗留、破坏土地等矿山进行生态修复，让“砂地”重披“绿衣”。

对重要生态区、居民生活区以及交通沿线敏感山体进行生态修复，治理地质灾害 6 处、尾矿库 6 座，稳固渣场 20 多万立方米。对农业生产区、重要生态区域进行沟坡丘壑综合整治，1000 余亩受污染的农田得到治理，8000 多亩耕地提质升级，土地利用率和产出率得到有效提高。

生态脆弱河流和地区受损的重要地表水和地下水生态系统得到

贵州省铜仁市万山区汞矿矿山生态修复前。 贵州省自然资源厅 供图

贵州省铜仁市万山区汞矿矿山生态修复后。 贵州省自然资源厅 供图

初步修复，完成了汞化工、汞回收企业的汞废气和含汞废水的污染治理项目，环境空气质量综合优良率（达标率）达97.5%，集中式饮用水与地表水水质均达到国家Ⅲ类标准，直接解决了区域内饮水安全问题。

万山区丹都街道楚溪社区大坉坡生态修复点，曾经是设计规模为5万立方米/年的砂石厂，采矿权到期后便不再进行砂石开采。“这个砂石场过期后，考虑到它离木杉河湿地公园比较近，我们就不再进行延续了，要求进行恢复治理。”万山区自然资源局矿权科科长张晏说。

2018年，由万山区自然资源局牵头，对大坉坡砂石厂进行整改，通过采取克土、种草、种树、挂防尘网等方式进行生态修复。如今，两年多过去了，植被已长到了一人高，裸露的山体重新披上“绿衣”，呈现出一派生机勃勃、绿意盎然的景象。“在这个砂石场生产期间，噪音比较大，灰尘有时也比较大，经过这些相关部门恢复过后，现在空气质量也好了，噪音也没了，我们到这里来游玩也是比较满意的。”万山区丹都街道楚溪社区居民聂西能说到。

近年来，万山区坚持“以防为主，防治结合”“在保护中开发、在开发中保护”等原则科学编制规划，建立健全生态环境动态监测体系，不断推进生态修复整改落实。针对矿山生态治理，采取宜耕复耕，不宜复耕坡地进行复绿治理，种草、种树、山体覆盖防尘网及栽种爬山虎等藤蔓植物，并要求植被复绿的成活率达到95%以上，以达到整改目标。2018年中央生态环保督察“回头看”期间，中央环保督察组在实地督察万山时，对万山区矿区生态修复治理工作给予充分肯定和赞扬。

对重点生态系统进行保护和修复，如今，万山区的森林绿化覆盖率达70.86%，筑牢了生态保护屏障。下一步，万山区还将逐步建立完善水土保持投入机制，加快实施全域绿化“六绿”攻坚、退耕还林还草、湿地保护、水土流失工程治理，对违法违规行为坚决查处，确保万山生态修复绿色发展驶向快车道。

转型——在逆境中突围

守好发展和生态两条底线，为抓好转型发展，万山区精准施策，对数千年汞矿开采、冶炼遗留下来的矿业遗迹和地下坑道进行旅游开发。

严格落实国土资源部“地质环境治理应与矿山公园建设相结合的”的工作要求，转型过程中，万山区按照“保护一批、拆除一批、恢复一批、新建一批、打造一批”的原则，依托悠久的工业文化，2005年编制申报了万山国家矿山公园项目，成功获得国土资源部批准。

按照轻重缓急、稳步推进的原则，分类别、分批次开展地质灾害治理、土地复垦、渣场复绿、河道流域整治等，万山汞矿区主要地质灾害隐患点基本治理完成。

2009 年 10 月 28 日，万山区国家矿山公园正式揭碑开园，成为贵州省首家国家级矿山公园。

铜仁市委、市政府还设立了万山矿山国家地质公园管理局，在矿山公园的引领下，生态环境、林业、交通、文物、旅游等部门力量陆续集聚，逐步治理汞污染严重区域、拆除非矿业遗迹不安全建筑物、绿化美化山体、提升改造基础设施。

在市场的吸引下，江西吉阳集团适时入驻，铜仁市自然资源局积极做好服务，对原废弃的矿业遗迹进行整体连片开发，把地下矿道变成迷幻的“时空隧道”，把岩壁采矿道变成惊险刺激的玻璃栈道，把原汞矿办公大楼改造成汞矿工业遗产博物馆，把职工宿舍楼改造成4A级标准悬崖宾馆，把苏联专家楼改造成别具风味的俄罗斯餐厅，把原汞矿废旧生活区改造成规模宏大、时代特色鲜明的影视基地。

公园后续又建成了悬崖泳池、玻璃桥、空中滑索、酒吧一条街、万亩红枫林，把景、城连成一体，在公园内打造出中国第一个以山地工业文明为主题的矿山休闲怀旧小镇——“朱砂古镇”。

万山区不断加大对万山国家矿山公园建设力度，整合林业、水务、交通、农业等部门项目资金6亿元投入建设，地质环境不断向好向优。2015年，引进江西吉阳集团，投资20亿元，对国家矿山公园进行提质升级。自开园以来，累计接待游客600万人次，旅游综合收入12亿元，旅游盛况多次被中央电视台新闻联播等主流媒体宣传报道。

贵州省铜仁市朱砂古镇万山国家矿山公园。 贵州省自然资源厅 供图

变身——在发展中惠民

在贵州省铜仁市万山区朱砂古镇万山国家矿山公园景区，一大早，安全管理部经理吴计系就来到办公室，穿上工作服，开始了安检。走过苏联专家楼、老汞矿电影院这些建筑景点时，常常勾起他脑海中过去的回忆。很快，吴计系来到岩鹰窝景点，这里连接着玻璃天桥和玻璃栈道，是游客最多的地方。他手持电筒，认真巡视着矿洞内每一个地方。

万山国家矿山公园内，悬崖酒店。 贵州省自然资源厅 供图

从 2016 年底进入企业上班，吴计系从一名验票部主管干起，一步步做到了安全管理部经理。每天安排安全员做好矿洞、栈道的安检工作成了他的主要工作。作为老汞矿子弟，这里的工作为吴计系平添了一份感情寄托。“这个景区就像是自己孩子一样，呵护自己的孩子长大，自己有一份荣耀感。”

土生土长的姚胜刚也受益于万山区转型发展。十多年前姚胜刚从老汞矿下岗，生活陷入了困境。“当时贵州汞矿资源枯竭，公司倒闭之后所有人都外流了，我也就失业了。吃了晚饭出去溜达一下，心里感觉很荒凉，总有一种酸溜溜的感觉。”

为了生计，姚胜刚去了浙江温州谋生。2015 年，他回到万山，感觉这里发生了天翻地覆的变化。2016 年，当他听说家门口有一家大型企业落户，抱着试一试的心态去应聘，不想被企业录用了。作为贵州万仁汽车集团生产保障部部长的他，每天忙于汽车的各种安全保障检测工作。“有这样对口的工作，加上现在这样的待遇，我觉得生活很幸福。”

万山区充分利用资源优势，从传统的工业转型到旅游、新型工业的绿色环保之路，致富一方群众。

朱砂古镇拿出 20% 的门面、展示厅，通过合伙、联营、独立经营模式，免费提供给建档立卡贫困户，开设家庭旅馆、商店、小吃铺等，帮助 580 户贫困户搭建了就业创业平台，750 人通过入股分红实现脱贫目标。2018 年 9 月，经国务院扶贫办认定、贵州省人民政府批复，万山区以零漏评、零错退，综合贫困发生率为 1.19%、群众认可度为 96.37% 的优异成绩，顺利实现贫困县整体出列。

通过 2008 年以来十多年的转型发展，万山地区生产总值从 4.6

亿元增长到53.3亿元，增长11.6倍，一般公共预算收入从0.65亿元增长到3.5亿元，增长5.4倍；城市居民可支配收入从8623元增长到30400元，农村人均可支配收入从2141元增长到9400元，分别增长3.5倍、4.3倍，全面建成小康社会总体实现度97%。经济增速连续三年高于全国、贵州省和武陵山区平均水平。

资源枯竭型城市转型，是一个世界难题。万山区是资源枯竭型城市转型发展的一个样本，它的成功转型实践，促进了城市转型与生态文明建设有机结合，为中国和世界同类地区提供了非常好的案例和示范。

复绿的贵州省铜仁市万山区成为旅游“新宠”，每年举办国际风筝节，吸引大量游客前往。 彭俊 摄

生态文明保护观篇——

用最严格制度最严密法治保护生态环境

保护生态环境必须依靠制度、依靠法治。我国生态环境保护中存在的突出问题大多同体制不健全、制度不严格、法治不严密、执行不到位、惩处不得力有关。要加快制度创新，增加制度供给，完善制度配套，强化制度执行，让制度成为刚性的约束和不可触碰的高压线。要严格用制度管权治吏、护蓝增绿，有权必有责、有责必担当、失责必追究，保证党中央关于生态文明建设决策部署落地生根见效。

奉法者强则国强，奉法者弱则国弱。令在必信，法在必行。制度的生命力在于执行，关键在真抓，靠的是严管。制度的刚性和权威必须牢固树立起来，不得作选择、搞变通、打折扣。要落实领导干部生态文明建设责任制，严格考核问责。要下大气力抓住破坏生态环境的反面典型，释放出严加惩处的强烈信号。对任何地方、任何时候、任何人，凡是需要追责的，必须一追到底，决不能让制度规定成为“没有牙齿的老虎”。

——2018年5月18日

习近平总书记在全国生态环境保护大会上的讲话

毕节市赫章县韭菜坪，是世界最大面积的野韭菜花带。 邱小明 摄

案例一简介：

制定全国首部生态文明建设地方性法规，成立全国首家环保法庭，在全国率先出台《林业生态红线保护党政领导干部问责暂行办法》《贵州省生态环境损害党政领导干部问责暂行办法》，全国首创生态保护案件集中管辖机制，贵州省毕节市金沙县检察院状告环保局成为全国首例行政公益诉讼……

建设生态文明是一场涉及生产方式、生活方式、思维方式和价值观念的革命性变革。实现这样的根本性变革，必须依靠制度与法治。

近年来，贵州省结合实际情况，在生态环境保护和治理的法制实践方面，进行了许多探索和实践，为我国生态文明法治建设提供了贵州经验和贵州智慧。

执法人员在红枫湖水上巡逻。 贵阳市委宣传部 供图

以法治“红线”守护生态“绿线”

——贵州省全面推进生态文明法治建设示范区案例

2017 年 10 月，中共中央办公厅、国务院办公厅印发了《国家生态文明试验区（贵州）实施方案》。

《方案》对贵州提出了五个战略定位，其中之一，是“生态文明法治建设示范区”。

加强涉及生态环境的地方性法规和政府规章的立改废释；

推动贵州省域环境资源保护司法机构全覆盖；

完善行政执法与刑事司法协调联动机制；

加快构建与生态文明建设相适应的地方生态环境法规体系和环境资源司法保护体系……

担负起生态文明建设国家样本之责，高质量完成生态文明法治建设创新试验，是中央交给贵州的艰巨任务，也是时代赋予贵州的莫大光荣。

为此，贵州省在持续深化生态文明试验区建设成果进程中，更加注重运用法治思维和法治方式，实行最严格的制度、最严密的法治，破除体制障碍，突破利益固化藩篱，为生态文明建设提供可靠保障，促进百姓富与生态美有机统一。

立法，首开全国多个“先河”

2016 年 3 月，当时的贵州省黔南布依族苗族自治州独山县委书记受到了党内严重警告处分，同时还被免去了职务。

什么样的错误会受到如此严厉的处分？

原来，2015 年独山县与某公司以建设休闲草场为名违规占用林地建设高尔夫球场，为此，不仅县委书记被问责追究，县长也受到了严肃处分。

敢于向党政领导干部“开刀问斩”，贵州的底气，在于生态文明建设法治保障——

2015 年，《贵州省林业生态红线保护党政领导干部问责暂行办法》印发执行。

围绕林业生态红线保护内容，该《办法》明确各级党委、政府在组织领导和决策过程中，有工作失职、工作不力、执行不力、监管不力、管控不力、领导不力，甚至违法干预、阻挠、妨碍和限制林业、农业、环保等行政主管部门正常执法工作的情形，都应当问责。

贵州，成为全国第一个以省级层面出台涉及生态环境、林业生态红线保护的领导干部问责办法的省份。

制度建设是生态文明建设的基石。早在 2009 年，贵州省便着手推动生态文明制度建设，为生态文明、绿色经济保驾护航。

2009 年，《贵阳市促进生态文明建设条例》出台，这是国内首部促进生态文明建设的地方性法规。

2011 年，《贵州省赤水河流域保护条例》出台。该条例不仅为赤水河的治理提供了法律保障，更为贵州生态文明立法提供了经验。赤水河也因此成为贵州省生态文明建设改革之先“河”。

2014 年，《贵州省生态文明建设促进条例》实施。作为贵州省生态文明建设的基本法，《条例》在诸多方面体现了开创性和地方性：确立了政府、企业、公众在生态文明建设方面的基本权利和义务；突出了加强生态建设、调整产业结构、发展循环经济的思路；强调了生态保护红线、生态补偿、环境信用、环境污染第三方治理等制度。这些内容，国家都没有专门的立法规定，贵州的大胆探索，为国家制定生态文明建设基本法律提供了参考。

2015 年，《林业生态红线保护党政领导干部问责暂行办法》出台，《办法》规定了在林业生态红线保护工作中党政领导干部的责任，将问责、惩戒失职渎职的领导干部。随后，《贵州省生态环境损害党政领导干部问责暂行办法》发布施行，成为了贵州省干部任用的重要依据。

2016 年，《贵州省大气污染防治条例》施行，又一部“长牙齿”的地方法规开启“护航”贵州生态文明建设之旅；同年，我国首个地方党委、政府及相关职能部门生态环境保护责任清单，即《贵州省各级党委、政府及相关职能部门生态环境保护责任划分规定（试行）》出台。

为了发动全民的力量，形成生态文明共享共建的良好氛围。贵州省还设立了“贵州生态日”，将“生态日”作为生态文明建设的创新载体，对相关地方加强生态文明宣传教育、提高全民生态文明意识、形成生态文明新风尚发挥着重要推动作用。

同时，贵州省还出台《生态环境损害赔偿制度改革试点方案》，在全国 7 个试点省份中率先启动该项试点工作，探索以法治化手段破解生态环境损害中“企业污染、群众受害、政府买单”的难题。

在立法有保障，制度完备的有力驱动下，贵州绿水青山的底色更加鲜亮。

执法，多方联动频出“硬招”

2016 年 3 月，贵州省黔西南布依族苗族自治州兴义市环境监察大队在一次巡查工作中，发现清水河镇区域内一芭蕉芋加工作坊正违法生产。兴义市环境监察大队启动司法联动机制，快速取证，坐实违法事实，将该芭蕉芋加工点违法案件移送当地公安局，公安局根据有关规定，决定对企业主执行行政拘留处罚。

“以前企业根本不买环保的账，执法人员进不了企业大门是常事。现在不一样了，联动执法以后，公安人员来了，企业配合多了。”贵州省环境监察局局长田获说，司法部门参与执法案件中，增强了执法威慑力，提高了执法效果。行政司法联动也为刑事案件提供了线索，一旦案件达到刑事立案标准，相关部门就会对当事人采取措施。

对于生态环境违法案件，长期以来多以行政措施予以处罚，且

贵州省贵阳市花溪区环保执法人员开展执法行动。 贵阳市环保局 供图

处罚力度偏弱，容易形成生态违法“耐药性”。

让法律制度成为“利器”，而不是“棉花棒”，关键在执行和落实。

在贵州省环境监察局的大门口，挂着“环保与公安联动执法办公室”的牌子。早在2014年4月，贵州就率先在省级层面同时挂牌成立了“贵州省公安厅生态环境安全保卫总队”“贵州省人民检察院生态环境保护检察处”和“贵州省高级人民法院生态环境保护审判庭”，通过司法联动、政企联督，既有力地促进当地政府更好履行职责，又对企业环境监管形成高压态势，确保环境问题落实整改。

在黔西南布依族苗族自治州安龙县一处曾经的黄金开采场，曾经大片的山体岩石裸露在外，周边植被稀疏，一派萧索。作为黔西南州最早投入黄金开发的县市之一，安龙县采金至今已有近30年历史。由于过去无序、粗放式的开采，安龙县的生态环境欠下不少债。

2014年8月，贵州省环保厅和贵州省公安厅组成联合执法组对安龙县黄金开采行业展开全面排查，对未批先建的万人洞金矿和海子金矿、尾矿库不能满足生产要求的金龙黄金公司实施省级挂牌督办，3家企业被责令停产整治，并成为省级挂牌督办案件。

在环境监管的高压态势下，安龙县大力实施整改，环保、林业、公安等多部门同时进驻企业，执法监督和技术支持双管齐下，确保企业有序整改、矿区生态逐步恢复。

责令停产后，安龙县万人洞金矿立即成立了环境治理小组，制定《环境治理方案》并对雨水收集系统、生态恢复和环保手续进行完善。“对于矿渣堆放区及水土流失较严重区域，在堆土覆盖的基础上植树种草。投入整改资金500余万元，修建挡土墙551米，播撒黑麦草、狗牙草和三叶草等草籽2235千克，栽种桂花树、柏树和红叶石兰等树种共计 35910 株。”万人洞金矿负责人李之军说。

安龙县黄金矿山生态修复的案例只是一个缩影。贵州持续开展环保“利剑”“风暴”“守护多彩贵州，严打环境犯罪（2018－2020)。”执法专项行动开展以来，重点对企业污染防治设施运行，涉危、涉重企业环境犯罪行为，在线监控设施运行，饮用水水源保护区内的违法项目和排污口，违法违规建设项目等领域开展了全面排查，一大批环境违法案件得到督办，不少党政机关和企业人员因环境问题被追责。

司法，环保法庭全国首创

蓝天白云，和风徐徐，白鹭栖息，这是红枫湖的美丽景致。很难想象，作为贵州省贵阳市重要的饮用水水源地，红枫湖曾经蓝藻蔓延、水质恶化，引得群众抱怨。

“要用司法的力量护卫一方山水。”贵阳市清镇市（贵阳市下直辖市）人民法院党组书记、院长舒子贵介绍，清镇市环保法庭（2017 年 8 月更名为环境资源审判庭）于 2007 年设立。作为我国第一个环保法庭，12 年来先行先试，开启了环境公益诉讼的先河，探索着环境司法专门化的新路径。

舒子贵回忆到，环保法庭成立仅 1 个月时，就将“第一把火”烧向了红枫湖上游的排污大户——贵州天峰化工有限责任公司。

上世纪 90 年代，天峰公司在红枫湖保护区范围内堆放了上百万吨的磷石膏废渣，严重污染了红枫湖。但由于其地处安顺市境内，长期以来贵阳市对此“鞭长莫及”。环保法庭的设立，解决了这一难题。贵阳市“两湖一库”管理局向清镇市法院递交诉状，将天峰

环保法庭授牌，揭牌仪式现场。 贵州省林业局 供图

公司推上了被告席。

2007 年 12 月，法庭判决要求天峰公司立即停止其磷石膏尾矿库废渣场对环境的侵害，并采取相应措施排除废渣场对环境的危害。到 2016 年，堆积 10 余年的上百万吨磷石膏废渣被全部清运。

牛刀小试，环境公益诉讼破冰启航。此后，清镇市环保法庭环境公益诉讼之路越走越宽。改革的背后，离不开顶层设计和基层探索的良性互动。

2015 年 5 月 5 日，十八届中央全面深化改革领导小组第十二次会议审议通过了《检察机关提起公益诉讼改革试点方案》，会议强调，要牢牢抓住公益这个核心，重点是对生态环境和资源保护等领域造成国家和社会公共利益受到侵害的案件提起民事或行政公益诉讼，更好地维护国家和人民利益。

“以前是摸着石头过河，难免有忐忑的时候。现在有中央支持，我们推进改革的底气更足。”从法庭成立伊始的副庭长到如今的庭长，年逾五十的罗光黔见证了清镇市环保法庭的发展。

环保问题涉及方方面面，法官所掌握的知识难免有限。面对众多专业知识瓶颈，借鉴国外的专家证言制度，成为清镇市环保法庭的新思路。2015 年，清镇市环保法庭受理吴国金诉中铁五局噪声污染责任纠纷案，在因果关系明确但损害后果不好确定的情况下，聘请专家出庭作证，采信专家证言、确定计算模型，公平地处理了这一纠纷。

2017 年 5 月 23 日，十八届中央全面深化改革领导小组第三十五次会议审议通过了《关于检察机关提起公益诉讼试点情况和下一步工作建议的报告》。会议指出，要在总结试点工作的基础上，为检察机关提起公益诉讼提供法律保障。

2017 年 9 月，在办理贵阳市南明区检察院诉贵阳市南明区后巢乡政府确认行政行为违法、履行监管职责一案时，罗光黔尤其注重明确检察院“原告”的主体地位。

罗光黔介绍，尽管在此案中检察院仍以“公益诉讼人”身份提起诉讼，但法院认为，由于该案系 2017 年 7 月行政诉讼法修改施行后，清镇市法院受理的首例环境行政公益诉讼案件，应按法律规定执行，故在裁判文书中明确检察院“原告”的主体地位，明确检察机关作为行政诉讼案件参与方与对方具有平等的地位，为以后类似案件的审理起到规范指引作用。

截至 2019 年 6 月，清镇市环境资源审判庭已受理各类环境保护类别案件 2205 件，其中刑事案件 840 件、民事案件 407 件、行政案件 142 件、行政非诉审查案件 470 件、执行案件 346 件，已审结 2174 件。

在生态环境损害责任追究中，贵州在全国率先建立了生态环境保护执法司法体系，司法力量强力介入生态领域。

针对相关情况，贵州省在全国省级层面率先成立公、检、法、司配套的生态环境保护司法专门机构。贵州省高级人民法院、贵州省人民检察院和贵州省公安厅成立专门机构，集中管辖处理贵州省生态环境保护案件，市、县两级陆续成立专门机构。

贵州省贵阳市清镇市红枫湖美景。 秦刚 摄

案例二简介：

森林覆盖率高达59.95%，如何保护好占据半壁江山的森林资源？贵州给出了答案——

要重点“守”，在重点生态功能区、生态环境敏感区和脆弱区等区域划定45900.76平方公里生态保护红线，确保生态功能不降低、面积不减少、性质不改变。

要全力“防”，以大数据为支撑，运用卫星、遥感等先进技术，加强森林资源监测和监管。全面加强森林防火的现代化、专业化水平，全面加强林业有害生物监测预警、检疫御灾、防治减灾体系建设。

要重拳“治”，持续开展森林保护“六个严禁”“绿剑”“绿盾”等执法专项行动，严厉打击违法占用林地、乱捕野生动物、乱挖野生植物等损害生态环境的违法行为。

森林公安在林区开展执法巡查。 张丽 摄

守住生态红线 守护森林健康

——贵州省加强林地保护案例

“森林”二字，分解开来，尤其简单，就是五个“木”。

这也说明，森林生态体系当中，最重要的，便是树木。

近年来，贵州大力开展国土绿化行动，森林覆盖率每年以不低于一个百分点的速度提升，到2019年贵州省森林覆盖率达到了59.95%。

造林艰难毁林易，森林火灾、林地占用、森林病虫害……随便发生任何一起事故，都会造成难以预计的生态损失。为此，贵州必须严守林地，不让绿色减少一寸。

守住生态保护红线——

2018年，贵州省政府发布《贵州省生态保护红线》，共划定生态保护红线面积为45900.76平方公里，占贵州省国土面积17.61万平方公里的26.06%。

贵州省生态保护红线功能区分为水源涵养功能生态保护红线、水土保持功能生态保护红线、生物多样性维护功能生态保护红线、水土流失控制生态保护红线、石漠化控制生态保护红线五大类，确保了贵州省重点生态功能区域、生态环境敏感脆弱区、重要生态系统和保护物种及其栖息地等得到有效保护。

严防森林火灾和病虫害——

以大数据为支撑，运用卫星、遥感等先进技术，加强森林资源监测和监管。落实森林防火责任制，建立航空护林站，组建森林防火专业队伍，构建“地下有网络、地面有队伍、空中有飞机”的立体防火体系。深入开展林业植物新品种保护执法和检疫执法，做好绿色病害防控除治。2019 年，贵州森林火灾受害率远远低于国家和省控制指标，林业有害生物成灾率为 0.06‰，松材线虫等重大林业有害生物除治率达 100%。

加强执法专项行动——

持续开展森林保护“六个严禁”“绿剑”及自然保护区“绿盾”等执法专项行动，以零容忍态度严厉打击违法占用林地、乱捕野生动物、乱挖野生植物等损害生态环境的违法行为。2019 年，贵州森林保护“六个严禁”执法专项行动纳入调度的当年度涉林行政案件查结率、往年度涉林行政案件执行率、当年度涉林刑事案件移送率均为 100%。持续保持对涉林违法犯罪的高压态势，贵州省森林公

安受理各类案件 5213 起，查破 5099 起。

确保林地面积只增不减，通过不断强化林地保护，贵州省森林覆盖率不断提升，林地面积达到 1.55 亿亩。同时，珍稀濒危野生动植物种群、数量、分布面积陆续增加，“地球独生子”黔金丝猴从 200 只增加到 760 只左右，黑叶猴从 100 余只增加到近 1000 只，名列世界第一，“越冬”黑颈鹤从 220 只增加到 2100 只……

一条“红线”，一份坚守

贵州位于长江和珠江两大水系上游交错地带，是“两江”上游的重要生态屏障，是重要的水土保持和石漠化防治区，是国家生态文明试验区。

贵州省黔南布依族苗族自治州瓮安县朱家山森林公园林海。 于雷 摄

由于贵州特殊的地理地质条件，别的地方是十年树木、百年树人，而贵州树木和树人都需要百年，生态环境一旦破坏，很难恢复，即使恢复，也需要几十年乃至上百年的时间。因此良好的森林植被在贵州非常宝贵，是贵州最响亮的生态品牌、最突出的生态优势，加强保护是贵州的首要任务。

早在 2014 年，《贵州省林业生态红线划定实施方案》就已出台。2016 年，《贵州省生态保护红线管理暂行办法》出台。2018 年，《贵州省生态保护红线划定方案》获得国务院同意，《贵州省生态保护红线》发布。至此，贵州形成了较为完善的最严格的生态环境保护制度。

超四成国土面积划入生态保护红线——

为确保贵州省重点生态功能区域、生态环境敏感脆弱区、重要生态系统和保护物种及其栖息地等得到有效保护，贵州共划定生态保护红线面积为 45900.76 平方公里，占贵州省国土面积 17.61 万平方公里的 26.06%。

形成“一区三带多点”生态保护红线格局——

“一区”即武陵山—月亮山区，主要生态功能是生物多样性维护和水源涵养；“三带”即乌蒙山—苗岭、大娄山—赤水河中上游生态带和南盘江—红水河流域生态带，主要生态功能是水源涵养、水土保持和生物多样性维护；“多点”即各类点状分布的禁止开发区域和其他保护地。

划定五大类 14 个片区生态保护红线功能区——

水源涵养功能生态保护红线，包含武陵山水源涵养与生物多样性维护片区、月亮山水源涵养与生物多样性维护片区和大娄山—赤水河水源涵养片区 3 个生态保护红线片区。

水土保持功能生态保护红线，包含南、北盘江—红水河流域水土保持与水土流失控制片区、乌江中下游水土保持片区和沅江—都柳江流域水土保持与水土流失控制片区 3 个生态保护红线片区。

生物多样性维护功能生态保护红线，包含苗岭东南部生物多样性维护片区、南盘江流域生物多样性维护与石漠化控制片区和赤水河生物多样性维护与水源涵养片区 3 个生态保护红线片区。

水土流失控制生态保护红线，包含沅江上游—黔南水土流失控制片区和芙蓉江小流域水土流失与石漠化控制片区 2 个生态保护红线片区。

石漠化控制生态保护红线，划定面积 11335.78 平方公里。包含乌蒙山—北盘江流域石漠化控制片区、红水河流域石漠化控制与水土保持片区和乌江中上游石漠化控制片区 3 个生态保护红线片区。

生态保护红线不只是一条线，更是一份坚守、一份责任、一份要求、一种约束。

为此，贵州还通过建立健全森林和湿地生态效益补偿制度、建立保护和发展森林及湿地资源年度目标的监测和考核考评制度、建立林业自然资源资产离任审计制度等保护措施来确保划定的生态保护红线能严格坚守。

贵州省毕节市七星关区拱拢坪林场，护林员在监控室监测火情。 韩贤普 摄

“大数据 +”全面护航

2009 年的冬春，对贵州省的森林来说，是场灾难。

据贵州省森林防火指挥部办公室的统计，2009 年 1 月至 2 月，贵州省共发生 1300 多起森林火灾，平均每天发生近 20 起。有“森林之城”美誉的贵州省会贵阳市，在 2009 年 2 月 24 日这一天之内，发生森林火灾 54 起。

“火魔”缠身，为什么贵州的森林防火这么难?

除了冬春高温、干旱、大风的高火险天气原因外，还因为贵州的地形。

地处云贵高原东部斜坡地带的贵州，沟谷纵横，地形复杂，地势起伏较大，山地和丘陵地貌占贵州省总面积的 92. 5%。

复杂的地形和陡峻的山地，让传统的瞭望塔等森林火灾监控办法收效甚微。再加上交通不便、后勤运输困难、扑火队伍不易迅速到达火场、人员体力消耗大、扑火机具的使用也受到一定限制等问题，为扑救森林火灾增加了难度。

痛定思痛，贵阳市在2009年开始了森林防火信息化建设工作，以利用高科技手段来辅助森林防火监测和预警工作。

依托国家森林重点火险区综合治理项目，从森林防火地理信息系统到应急指挥系统再到视频监控预警系统，贵阳市逐步建立起森防信息化体系。在森防信息化体系的支撑和辅助下，贵阳森林防火接出警、灭火指导辅助决策、卡点管理、火灾档案管理、防火物资管理、防火案件管理、森林防火网络办公等业务，都走向数字化、信息化和大数据化，森林防火管理工作开始进入智慧模式。

在贵州省贵阳市白云区都溪林场森防办公室内，一台电视机正在不断播放着风景画。画面被切成几块，中间一块大的，是一片林子；周边几块小的，也有树林。镜头切换不大，内容变化较小，看久了，让人颇显无聊。

这就是贵阳市林火远程监控视频位于白云区的一个后端点，通过监控视频，可以将所有火情捕捉在“眼”。而像这样的视频端，在贵阳市有50余个。

“视频监控点的监控范围为3至5公里，平均一个监控点覆盖约20平方公里。视频监控精确度可以准确到火点，也就是米。”贵阳市森林防火指挥部办公室主任吴正星说。视频监控信息将会在第一时间传输到贵阳市森林防火监控指挥综合管理平台，算上网络延时，最慢不会超过10秒。

为做好森林防火监测监控，贵阳市还做到天上有卫星，山上有监控，空中有无人机，地上有人。

“通过国家林业和草原局租用的卫星，贵阳市森林防火的数据信息也会在第一时间上传到贵阳市森林防火监控指挥综合管理平台。如果出现火情火灾，则可以通过无人机的定点捕捉，及时跟进，迅速发回火情信息。作为森林防火的数字化补充，地上卡点与巡逻队、护林员同样不可缺少。”吴正星说。

通过森林防火远程视频监控建设，贵阳实现了由传统森林防火管理向现代森林防火信息化管理的转变。贵阳市森林重点火险区逐步建成由卫星热点监测、野外视频监控、瞭望塔查看、无人机侦查和地面巡逻相结合的全方位、全天候、立体式的森林防火监测体系。

基于这套系统，贵阳市的森林火灾发生率持续走低，2013 年至 2015 年，贵阳发生一般森林火灾的次数从 14 起降低到 10 起，受害森林面积从 117.45 亩下降到 23.7 亩，森林火灾受害率从 0.028‰下降到 0.0058‰。2016 年，贵阳市未发生一次森林火灾事故。

依托“大数据”，贵阳市还建立了智慧林业云平台，包括林业灾害监控与应急管理、森林资源监管、森林培育、林业产业 4 个系统和 26 个业务子系统。

贵阳市的智慧林业云平台建设走在了全国的前列，荣获“全国林业信息化建设十佳市级单位”，建成投用的“一平台、四系统、26 个业务子系统”中，森林防火地理信息系统荣获“中国地理信息产业优秀工程银奖”，森林资源管理信息系统荣获“中国地理信息产业优秀工程铜奖”。

而贵州，正以大数据为支撑，运用卫星、遥感等先进技术，加强森林资源监测和监管，全面护航生态建设。

高举利剑严密执法

2020年春节，新型冠状病毒肺炎疫情来势汹汹，对人民生命财产安全和国家经济社会发展带来了巨大损失。

公安部发出了“采取坚决有力措施，依法严厉打击涉及野生动物资源违法犯罪活动，集中查处一批大要案件，摧毁一批跨区域犯罪团伙，坚决打出声威，形成强大震慑，切断相关病毒传播源头，有效控制重大公共卫生风险，全力打好疫情防控阻击战”的紧急通知。

疫情就是警情，按照贵州省公安厅、贵州省林业局工作部署，贵州省森林公安局迅速行动，周密部署，严厉打击破坏野生动物资源违法犯罪活动。

截至3月18日，贵州省森林公安机关共出动警力3.8万余人次，清理野生动物驯养养殖及经营加工场所7400余处（次），受理各类破坏野生动物资源案件150起，查破137起，其中刑事立案40起，依法处理166人。收缴野生动物1538头（只）、猎具212件，涉案价值190余万元。

只有通过严格执法，才能保护好野生动物资源，保护林地资源，保护国土生态安全。

近年来，贵州持续开展森林保护“六个严禁”“绿剑”及自然保护区“绿盾”等执法专项行动，2017年至2019年，贵州省森林公安机关共查结各类案件20915起，人均刑事立案、破案数等办案指标均在全国前列。严厉打击了违法占用林地、乱捕野生动物、乱挖野生植物等损害生态环境的违法行为。

2013年10月，华润新能源风力有限责任公司与贵州省黔东南苗族侗族自治州剑河、黎平两县签订投资开发协议，以招商引资的形式进行风电项目开发。

这个项目，对当时的国家级贫困县剑河来说，发展意义重大。

但为节约成本和加快进度，该公司在 2014 年 3 月至 12 月间，在未完善征占用林地手续的情况下，开工修建风电场和进场公路及机站平台。

在此过程中，涉嫌非法占用林地1285余亩，涉嫌滥伐林木91株，其中有 40 株树龄均超过 100 年；同时造成鹅掌楸保护区内的国家二级重点保护野生植物鹅掌楸死亡 13 株，人工栽植的鹅掌楸 58 株。

案件引起了贵州省森林公安局的高度重视，被列为国家级十大督办案件和省级督办案件。

剑河县森林公安局立即展开调查，当办案民警找到公司负责人的时候，该公司负责人却加以威胁，凭借其招商引资项目对于一个国家级贫困县的重大意义，大行嚣张之气。

县局一面派出民警深入案发现场调查取证，精准掌握证据；一面及时向剑河县委、县政府汇报，向当地检察院、法院请教，并表明森林执法者的立场和态度，得到了剑河县委、县政府的大力支持。

顶住压力，剑河县森林公安局经过7个月的查办，该案终于告破，相关人员受到了相应处罚。

“位于雷公山国家自然保护区的剑河县，森林覆盖率达 70.89%，是国家重点生态功能区。维护森林生态安全，是我们的使命和责任。”剑河县森林公安局局长何明剑说。

而近五年来，剑河森林公安局共立森林刑事案件 236 起，破案 197 起，破案率 83.5%；受理林业行政案件 523 起，查处 523 起，查处率 100%；抓获违法犯罪嫌疑人 865 人，依法扣押收缴涉案木材 9032 余立方米。为此，剑河县破坏森林资源违法犯罪行为发案率大大降低。

严禁盗伐滥伐林木；严禁掘根剥皮等毁林活动；严禁非法采集野生植物；严禁烧荒野炊等容易引发林区火灾行为；严禁擅自破坏植被从事采石采砂取土等活动；严禁擅自改变林地用途造成生态系统逆向演替……

保护生态环境，打击破坏森林和野生动植物资源违法犯罪，促进人与自然和谐，贵州林业将持续高举“利剑”，让违法行为无处遁形。

森林公安民警放生野生动物。 贵州省森林公安局 供图

案例三简介：

赤水河流域（贵州境域）贡献了贵州九分之一的国民经济总量，是贵州的生态河、美景河、美酒河、英雄河；是长江上游一级支流中唯一没有筑坝建筑、自然流淌、原真性较好的河流；是长江上游珍稀特有鱼类国家级自然保护区。

2014 年，贵州省委、省政府将赤水河作为全省首个生态文明改革实践示范点，发布《贵州省赤水河流域生态文明制度改革试点工作方案》，启动流域生态补偿制度、生态环境保护监管和行政执法体制改革、生态环境保护司法保障制度、环境保护河长制等 12 项生态文明改革措施。

通过制度改革，赤水河流域水环境质量得到大幅改善，2016 年以来赤水河流域基本能够维持在Ⅰ、Ⅱ类水质。2018 年，在“寻找中国好水”暨第二届“中国好水”水源地发布会上，贵州赤水河荣获“中国好水”优质水源称号。

赤水河在生态文明体制改革试点工作的经验及成果，被复制到贵州乌江、清水江、牛栏江横江、南盘江、北盘江、红水河、都柳江七大流域，赤水河真正开创了贵州生态文明制度改革的先河。

贵州赤水河复兴镇河段。 王茂祥 摄

开创生态文明制度改革的先河

——赤水河流域（贵州境内）生态文明制度改革的创新实践

地处中国西南腹地的贵州长期发展滞后。特殊的地理位置及薄弱的经济基础，决定贵州改革开放的程度不深、力度不够，但也让贵州保留了青山绿水。

贵州一直积极探索欠发达地区立足自身优势实现跨越发展的新模式。党的十八大提出要建设生态文明。贵州以此为机遇，确立“生态优先、绿色发展”战略，志在通过生态文明改革实现科学发展、后发赶超。

2015 年，习近平总书记在贵州考察时明确提出：“要正确处理发展和生态环境保护的关系，在生态文明建设体制机制改革方面先行先试，把提出的行动计划扎扎实实落实到行动上，实现发展和生态环境保护协同推进。”为深入贯彻落实习近平总书记的重要指示精神，贵州以建设“多彩贵州公园省”为总体目标开展国家生态文明试验区建设。同时决定把赤水河打造成为贵州生态文明制度建设的改革先河。

在破解区域发展和生态保护这对“孪生兄弟”的纠葛困局上，赤水河在贵州省八大流域中尤为突出。随着矿产资源开发、白酒产业扩大和城镇化推进，流域内经济开发与生态环境保护的矛盾日益凸显，出现了生态环境破坏、水土流失等诸多问题。同时，流域整体性和跨行政区域环境管理矛盾日益突出，制约了当地经济社会可持续发展。

如何从新的视野统筹考虑区域生态环境与经济社会发展的关系，是赤水河必须破解的现实课题。

立足“责权明晰”
抓自然资源使用管理及审计制度建设

贵州赤水河生态环境保护中存在的一些突出问题，具体表现在：对自然资源资产的非经济价值认识严重不足。各类自然资源之间、各产权主体之间，往往不同程度地存在产权边界不清晰的问题。集体产权主体的资源处置权残缺或易位，以及受益权缺失或受到侵害。资源产权制度尚不能保障产权主体获得应得资源收益，国有和集体产权主体的资源收益往往不同程度地存在收益流失或侵害的问题。

问题的主要原因是资源使用及管理体制不健全，导致全民所有自然资源资产的所有权人不到位，所有权人权益不落实。

“建立流域资源使用和管理制度”“建立自然资源资产审计制度”是解决问题的关键。总的思路是按照“山水林田湖草是一个生命共同体”理念，建立赤水河流域自然资源资产产权和用途管制以及有偿使用制度，完善已有产权登记制度，对水流、森林、山岭、草原、荒地、湿地等自然生态空间进行统一确权登记。

在“摸清家底”的基础上，加大自然资源资产责任追究力度，将自然资源资产责任审计作为流域领导干部经济责任审计的重要内容。具体工作办法为：前期调研、试点实施、总结推广。首先成立调研组赴贵州省遵义市赤水市、黔南布依族苗族自治州荔波县实地调查了解自然资源资产权属、分布、结构、管理、利用、效果等情况，经充分调研和资料分析，编制《赤水市自然资源资产责任审计试点实施方案》，并正式在赤水市、荔波县开展审计试点工作；基于试点经验，形成《赤水河流域（贵州境域）自然资源资产责任审计工作指导意见（试行）》，明确自然资源资产审计的理论体系、指标体系、评价体系以及审计方法，对赤水河流域各县（市）领导干部自然资源资产离任审计工作的开展进行理论指导。

贵州赤水河航运。 胡志刚 摄

立足“底线”
抓流域生态保护红线制度建设

生态保护红线是保障和维护生态安全的底线和生命线，是实现一条红线管控重要生态空间的前提。

贵州赤水河流域地貌复杂、山高谷深、地质构造复杂、河流纵横，是长江上游和贵州的重要生态藩篱，是贵州重要的水土保持区。如何划定并严守生态红线，对赤水河紧紧守住发展和生态两条底线、推进贵州国家生态文明试验区建设具有重要意义。

赤水河生态红线按照省级指导、地方组织、自上而下和自下而上相结合的办法科学划定。划定的赤水河流域生态功能保障基线、环境质量安全底线和自然资源利用上线，将区域分级分类的精准化管理模式纳入政府常态化工作。

具体实施上，赤水河流域各县（区）政府是严守流域生态保护红线的责任主体，负责对本区域内生态保护红线的落地、保护和监督管理，将生态保护红线作为综合决策的重要依据和前提条件，切实履行对生态保护红线内森林、河流、湖泊、湿地等自然生态系统的保护管理责任；同时建立目标责任制，把生态保护红线目标、任务和要求层层分解、落到实处，确保各地区生态保护红线总面积和比例原则上维持不变。

在常态监督上，赤水河流域各县（区）有关部门按照职责分工，做好组织、指导和协调工作，开展生态保护红线日常巡护和执法监督，强化红线刚性约束，切实做到守“线”有责、守“线”尽责。

立足“资源有价”
抓生态补偿制度建设

贵州赤水河生态补偿制度的建立，一是进一步体现了“谁开发、谁保护，谁破坏、谁恢复，谁受益、谁补偿，谁污染、谁付费”的原则，进一步明确流域生态补偿的责任主体，确定流域生态补偿的对象和范围；二是切实强化了地方政府对环保的重视，有效调动地方政府履行环境监管职责的能力。

在流域推行水污染生态补偿机制，切实加强了污染防治，特别是工业污染；有效遏制了上游向下游排污，解决了流域水污染难题，促使流域水质得到明显改善。

赤水河流域开展的流域生态补偿实践，积累了一批有益的经验和做法。

具体做法上，通过制定《贵州省赤水河流域水污染防治生态补偿办法》，明确上游毕节和下游遵义两市的职责，确定补偿金额、核算办法、核算指标。毕节、遵义两市分解任务，分别落实各自环保责任和义务，形成流域联防联控、合力治污的局面。赤水河流域生态补偿为双向补偿，即上游毕节市出境断面水质优于Ⅱ类水质标准，下游受益的遵义市应缴纳生态补偿资金；上游毕节市出境断面水质劣于Ⅱ类水质标准，毕节市则应缴纳生态补偿资金。赤水河流域内有关县（市、区）出境断面水质劣于规定的水质类别，缴纳生态补偿资金。

赤水河生态补偿以赤水河毕节市与遵义市跨界断面清池断面水质监测结果为考核依据，断面水质监测指标为高锰酸盐指数、氨氮、总磷，执行标准为《地表水环境质量标准》（GB 3838 — 2002）。污染物超标补偿标准为高锰酸盐指数0.1万元/吨、氨氮0.7万元/吨、总磷1万元/吨。2014年以来，遵义市累计向毕节市缴纳7679.72万元生态补偿资金。

关于生态补偿程序，贵州省生态环境厅负责水环境质量监测，贵州省水利厅负责流量监测并通报贵州省生态环境厅，贵州省生态环境厅根据水量和水质情况，核算生态补偿资金并通报省财政厅和地方政府，财政厅按照环保厅通报的生态补偿资金，按照财政的有关规定，实施划转。

生态补偿落实的关键在于生态补偿资金来源。赤水河生态补偿资金纳入当年本级财政预算予以保障，地方政府各级财政归集的补偿资金纳入同级环境污染防治资金进行管理，专项用于赤水河水污染防治和生态修复，不得挪作他用。

立足“长效机制”
抓环境保护河长制

随着流域经济社会快速发展和城镇化加速推进，贵州赤水河流域水环境问题日渐显现。特别是赤水河流域遵义段，由于早期小、散、乱白酒企业排放大量污染物，使得赤水河局部水体受到较为严重的污染。通过实施环境综合整治以及加大执法力度等措施，赤水河流域水质得到一定程度改善，但水体中总磷、氨氮等污染物仍有升高趋势。为改善河流水质，进一步落实地方政府对本辖区环境质量负责的法律责任，把赤水河纳入“河长制”这项流域环境保护基本制度保护流域水质。

河长制考核对象为赤水河流域内各“河长”，即遵义市、毕节市人民政府主要负责人，遵义县、桐梓县、仁怀市等人民政府主要负责人。考核内容上，要求各“河长”确保各年度计划、项目、资金和责任“四落实”，并由原贵州省环境保护厅对“河长”上年度目标任务完成情况进行考核。由于考核的对象是“河长”而不是政府或部门，这就增强了各“河长”的责任意识，使其每年都将流域环境保护列入政府重要工作进行安排和部署。

考核结果出炉后，考核奖惩如何实施？贵州每年从省级环境保护专项资金中安排1000万元作为赤水河流域环境保护河长制奖励资金。年度所有河流考核断面水质监测结果达到规定水质类别要求的，对“河长”所在地政府给予奖励，达不到要求的不予奖励。奖励资金由当地政府统筹用于赤水河流域水污染防治设施建设以及生态环境保护。对年度有一个及以上河流考核断面水质监测结果达不到规定水质类别要求的，暂停审批相关县（市、区）新（改、扩）建项目环境影响评价文件。从暂停审批新（改、扩）建项目环境影响评价文件之日起，连续三个月河流考核断面水质监测结果达到规

贵州赤水五级河长在赤水河支流大石沟巡河。 钟国金 摄

定水质类别要求的，解除项目环境影响评价文件审批限制。对河流考核断面水环境质量严重下滑的“河长”，按照有关规定进行问责。

赤水河流域河长制的实施，将地方权力与环境质量直接关联，“生态环境”的行政地位与“经济发展”开始平等，治水不仅是部门职责，更涉及政府考核，最大限度地整合了各级党委政府的执行力。

立足“上下游共治”
抓建立健全生态环境治理体系建设

贵州建立农业农村污染合力整治制度、建立生态环境治理和恢复制度等改革任务，将生态环境质量目标同流域产业发展、扶贫开发等挂钩，督促地方政府层层分解赤水河生态环境保护任务，实现项目从规划到实际落地。

具体操作上，通过赤水河流域生态环境治理和恢复制度，建立以水土流失治理、石漠化治理、退耕还林还草等为主要内容的生态修复措施。结合区域农业产业结构调整和建设，因地制宜采取植树造林、封山育林、退耕还林还草、坡改梯和小流域治理等生物与工程措施。重点围绕赤水河上游河流源头、河谷区、炼磺区以及矿产开采区等重点地区的地貌与植被破坏治理和水土流失治理。

通过赤水河流域农业农村污染合力整治制度，统筹流域产业发展、扶贫开发、生态移民、环境整治等项目和资金资源，根据赤水河流域产业发展特点，建立上下游产业发展和扶持制度，加快转变传统农业产业结构，在赤水河上游区，如毕节市七星关区、大方县、金沙县等区域扩大酿酒高粱、小麦种植规模。并同步加快毕节市七星关区、大方县、金沙县等生态环境敏感区域内的扶贫生态移民工程实施，结合移民搬迁因地制宜处置农村生活污水和垃圾。总体上，通过调整赤水河上下游产业互助、水土流失共治、整合农业农村污染等综合性措施，统一提高上下游各级党委政府生态环境保护的力度，形成生态环境保护合力。

立足“政企投资”
抓生态文明投融资体系建设

贵州赤水河环境污染治理资金存在的问题有：一是流域环保资金投入逐年增加，而治污设施未充分发挥作用，环境形势依然严峻。二是环保专项资金、预算内基本建设资金、环境转移支付政策以及排污收费政策是政府环保投资的重要渠道及资金保障。但传统的环保类资金已无法满足环保治理项目需求。

改革措施基于此难题设立。建立环境污染第三方治理制度关键在于治污设施“投、建、运、管”各阶段通过 BOT、TOT、PPP 等形式运营，推进排污企业退出污染治理市场，以第三方专业技术服务保障治污设施正常运行，最终实现“谁污染、谁付费”和“社会化、市场化、专业化”。

具体做法是按照“统筹规划、调查摸底、深入推进、监管考核”的工作部署，有力有序地推进第三方治理。统筹规划，即通过调研分析贵州省治污现状，印发《第三方治理工作方案》和《赤水河流域第三方治理实施方案》，对贵州省第三方治理推进工作作出具体安排；调查摸底，即规定时间开展园区第三方治理调查；深入推进，即在总结赤水河流域第三方治理成功经验的基础上，先后在乌江、清水江、南盘江流域重点排污企业复制推广。

完善生态环境保护投融资制度，建立多元化的环境保护投融资体系，使公司企业环保资金、社会环保资金逐步成为环境污染治理资金来源之一。除环保类资金，财政、林业、国土、发改等多家部门也加入资金筹措队伍。依据改革任务，贵州省财政厅按程序报请贵州省人民政府批准设立赤水河流域专项保护资金，列入本级财政预算，将赤水河流域 8 个县市纳入中央和贵州省财政森林生态效益补偿基金覆盖范围。各部门从本系统财政资金中划拨专项资金用于退耕还林、三产转移、水污染治理等，极大地提高了赤水河资金筹措效率。

贵州省遵义市赤水市白云乡党员干部在赤水河支流清理水面漂浮物。
贵州省林业局 供图

资金投入后，如何确保使用到位？下达的不同来源资金拨付使用均受到层层监管。围绕资金管理，贵州出台《贵州省赤水河流域水污染防治生态补偿办法》，结合《贵州省农村环境保护专项资金环境综合整治项目管理暂行办法》《贵州省农村环境保护专项资金管理暂行办法》等资金使用制度，对项目管理、实施、维护等作出明确要求，明确通过督查、月报、年评估等手段，实行项目动态监管，为试点的高效实施和快速推进提供了政策保障。

立足法治
抓生态文明法治体系建设

贵州赤水河流域环境违法案件处置一直面临两大难题。一是环保部门执法力量薄弱。执法结构呈现“倒金字塔”型，即省级执法力量雄厚，市、县、乡级的执法力量则较薄弱，部分县级环保局日常执法工作人员仅一到两人，乡镇级环保机构未配备执法力量。二是环境违法案件移送困难。新《环境保护法》赋予环保部门更多权力，明确“按日计罚，责令停业、关闭，行政拘留”等处罚措施，但在具体执行中存在一定难度。

为破解以上问题，赤水河流域设计了推进生态环境保护监管和行政执法体制改革、建立健全生态环境保护司法保障制度两项改革任务。

具体通过落实《贵州省环境监督管理网格化制度》，以省、市、县、乡四级环境保护部门为主体，按照行政区划和监管对象分块管理，责任包干到人，实现 80% 的执法人员、80% 的时间深入一线执法。

贵州出台《关于完善赤水河流域生态环境保护执法司法专门机构的工作方案的通知》《关于市县法院检察院公安局组建和完善生态环境保护内设机构相关问题的函》等文件，明确在各级司法机构中建立生态环境保护机构，进一步强化试点流域生态环境保护执法能力，赤水河流域各区县逐步配备完善生态资源司法力量，实现生态资源司法力量下沉，解决环境监管缺位问题。

通过公检法各级联动、全面排查，2015 — 2017 年开展“六个一律”环保“利剑”专项执法行动，贵州省查办环境行政处罚案件 6491 件，作出罚款金额 46585.52 万元；查办《环境保护法》配套办法及移送涉嫌环境污染犯罪案件共计 675 件。2018 — 2020 年开展“守护多彩贵州 严打环境犯罪”专项执法行动，截至 2020 年 3 月，查办环境行政处罚案件 3801 件，罚款金额 43109.73 万元；查办《环境保护法》配套办法及移送涉嫌环境污染犯罪案件共计 619 件。

立足“履职尽责”
抓完善生态文明责任追究制度建设

当前，贵州赤水河流域面临水资源量减少、部分污染物指标出现升高、水土流失严重等问题。而在问题发生后，责任追究却很难得到有效落实，尤其是具有决策权的地方党政领导干部很难受到应有的处罚。其结果是，党和政府形象受到损害，法律失去尊严，群众丧失信心。

解决办法是：对赤水河流域领导干部实行自然资源资产离任审计，建立生态环境损害责任终身追究制。出台实施《贵州省赤水河流域环境保护问责办法》，对党政领导干部在任期间辖区内赤水河流域生态环境恶化、保护工作不力、群众反映强烈的生态破坏等问题严加防控。加强法律监督、行政监察、舆论和公众监督，统一执法尺度，规范执法程序，加大违法行为查处力度。对破坏生态环境的企业和个人，若造成严重后果的依法给予行政或刑事处罚，解决有法不依、违法不究、执法不严的问题。截至目前，赤水河环保法庭已审判破坏生态环境刑事案件 23 件、环境污染行政案件 5 个，下达《环保诉前禁止令》4 个，强制执行环境保护行政处罚案件 8 起。

通过扎实推进生态文明体制 12 项改革措施，赤水河流域守好发展和生态两条底线取得了积极成效：经济发展势头持续向好，经济增速、人均 GDP 高于贵州省平均水平，经济总量占贵州的 1/9。同时，生态环境质量持续向好：流域空气质量总体达 2 级标准，集中式饮用水水源地水质达标率稳定在 100%，9 个省级水质考核断面中，水质均稳定达到Ⅱ类及以上；主要污染物排放控制在国家下达范围内。

赤水河是贵州的生态河、美景河、美酒河、英雄河。 贵州省林业局 供图

生态文明全球观篇——

共谋全球生态文明建设

生态文明建设关乎人类未来，建设绿色家园是人类的共同梦想，保护生态环境、应对气候变化需要世界各国同舟共济、共同努力，任何一国都无法置身事外、独善其身。我国已成为全球生态文明建设的重要参与者、贡献者、引领者，主张加快构筑尊崇自然、绿色发展的生态体系，共建清洁美丽的世界。要深度参与全球环境治理，增强我国在全球环境治理体系中的话语权和影响力，积极引导国际秩序变革方向，形成世界环境保护和可持续发展的解决方案。要坚持环境友好，引导应对气候变化国际合作。要推进“一带一路”建设，让生态文明的理念和实践造福沿线各国人民。

——2018 年 5 月 18 日
习近平总书记在全国生态环境保护大会上的讲话

世界自然遗产——梵净山。 杨舰 摄

案例一简介：

生态文明贵阳国际论坛是我国唯一以生态文明为主题的国家级国际性高端论坛，在党中央、国务院和习近平总书记的亲切关怀下，自 2009 年创办以来已成功举办 10 年。

论坛始终贯穿习近平总书记提出的“走向生态文明新时代”主题，紧扣生态文明建设新理念、新论断、新部署，回应国际社会对生态环保问题的共同关切，推动生态文明与可持续发展理念传播和实践探索，促进国际、国内相关领域的广泛交流和务实合作。

在各方积极参与和共同努力下，论坛成果日益丰硕、影响力不断扩大，已经成为中国对外合作开放的重要平台，成为弘扬生态文明理念、推动生态文明实践，引领全球生态文明建设与可持续发展的知名品牌、著名平台。

生态文明贵阳国际论坛 2016 年年会开幕式。 邓刚 摄

生态文明建设的中国表达

——生态文明贵阳国际论坛十年之路案例

2008 年，首届生态文明贵阳会议召开并发表《贵阳共识》，提出生态文明是人类社会发展的潮流和趋势，不是选择之一，而是必由之路——

这便是生态文明贵阳国际论坛的前身，其诞生，旨在全球传播生态文明理念、推动生态文明实践。论坛是经济建设、政治建设、文化建设、社会建设、生态文明建设“五位一体”总体布局，“绿水青山就是金山银山”“保护生态环境就是保护生产力，改善生态环境就是发展生产力”等重要理念的生动实践。

在此背景下，论坛影响力不断扩大，成为汇聚政、企、学、民、媒等国际精英人士，围绕生态文明的战略性、前瞻性问题，分享知识与经验，汇集最佳案例，共商解决方案，促进政策落实的重要国际交流合作平台。

2013 年，生态文明贵阳会议升格为国家级国际性论坛。

从贵阳的地方举措，到升格成为中国唯一以生态文明为主题的国家级、国际性高端论坛，习近平总书记十分关切。

2013 年，习近平总书记向论坛致祝贺信，强调“走向生态文明新时代，建设美丽中国，是实现中华民族伟大复兴的中国梦的主要内容”。

2015 年，习近平总书记考察贵州时指示“要继续办好这个论坛，深化同国际社会在生态环境保护，应对气候变化等领域的交流合作”。

2018年，习近平总书记再次向论坛致贺信，强调要“同国际社会一道，全面落实2030年可持续发展议程，共同建设一个清洁美丽的世界”。

十年来，贵州生态取得一系列成绩的背后，离不开生态文明制度改革创新的实践。作为首批国家级生态文明试验区，贵州正用自己的方式，诠释绿色发展的时代意义，向全国乃至世界提交了一份生态文明的贵州答卷。

十年来，中国已成为全球生态文明建设的重要参与者、贡献者和引领者。生态文明贵阳国际论坛积极促进了国际与国内在生态文明领域的广泛交流和务实合作，持续发出生态文明建设的“中国声音”，提供“中国方案”。

回顾过去十年，生态文明贵阳国际论坛从初生走向成熟，展现了中国推动绿色发展、建设生态文明的务实行动，向世界发出了越来越强的“中国生态之声”。

生态文明是一种行动指南

党的十七大提出建设生态文明后，贵州省为普及生态文明理念、探索生态文明建设规律，借鉴国内外成果推动生态文明实践，打造对外交流合作平台，早在2008年，便开始谋划举办生态文明贵阳会议。

2009年8月，由全国政协人口资源环境委员会、北京大学和中共贵阳市委、贵阳市人民政府联合主办的生态文明贵阳会议在贵州贵阳召开。两天的会期中，与会嘉宾达成了对建设生态文明、发展绿色经济具有积极意义的《2009贵阳共识》：生态文明是人类社会发展的潮流和趋势，不是选择之一，而是必由之路。贵州、贵阳致力于探索生态文明发展道路。

作为2009生态文明贵阳会议的延续和深化，2010生态文明贵阳会议围绕低碳经济、绿色发展和生态文明，突出讨论转变经济发展方式，深入探讨绿色就业、绿色产业、绿色消费、绿色运输、绿色贸易等前瞻性问题。论坛主题是“绿色发展——我们在行动”。会议致力于为各方搭建一个技术交流、信息互通、成果共享的开放平台。与会者围绕会议主题，突出讨论转变经济发展方式绿色就业、绿色产业、绿色消费、绿色运输、绿色贸易等前瞻性问题，提供建

贵州贵阳生态文明国际会议中心。 吴位弟 摄

设性的对策建议。《2010 贵阳共识》指出：不仅把生态文明作为一种理念，而且要作为一种行动指南，作为一种道德标准，把科学的、生态的、绿色的发展理念、发展模式转变为实际行动。

2011 生态文明贵阳会议主题为“通向生态文明的绿色变革——机遇和挑战”，此次会议提出了生态文明建设，城市是核心，企业是关键，科技是先导，教育是根本，传媒是催化剂，社会是基石的理念。会议在原有的教育论坛、科学论坛、技术论坛等分论坛的基础上，举办 11 个专题论坛（圆桌会）和展览、明星公益等 30 余项系列活动。

2012 生态文明贵阳会议由全国政协人口资源环境委员会、科学技术部、环境保护部、住房和城乡建设部、北京大学和贵州省人民

生态文明贵阳国际论坛 2016 年年会“生态文明道德先行”主题论坛在贵州省黔南布依族苗族自治州龙里县龙架山国家森林公园中举行。 龙毅 摄

政府共同主办。会议通过了《2012 贵阳共识》，一致认为中央关于生态文明建设的重要论述进一步阐明了生态文明建设在经济社会发展中的重要地位，意义重大，影响深远。来自多界别、多学科的嘉宾围绕建设生态文明、发展绿色经济阐述了自己的观点，开展了形式多样的互动讨论，充分体现了创新、多样、合作、包容及务实的精神。

从首届到第四届，贵州的生态文明之路，经历了从探索到转变为实际行动，从行动转变为具体落实的迅速发展。

“生态文明”再也不是“坐而论道”，而是转化为“起而行之”的切实动力，在贵州大地上不断传承、不断深入、不断蜕变。

在党中央、国务院特别是习近平总书记的亲切关怀下，2013 年生态文明贵阳会议升格为国家级国际性论坛，成为我国唯一以生态文明为主题的国家级国际性高端论坛。

从 2013 年开始，生态文明贵阳国际论坛已连续成功举办 3 届。

习近平总书记两次向论坛致贺信，为论坛指明了方向，提供了遵循；2014 年，李克强总理向论坛致贺信，强调“论坛是共享可持续发展经验的国际平台”；论坛创办以来，孙春兰、俞正声、张高丽、李源潮、杜青林等党和国家领导人先后亲临论坛并发表主旨演讲。

多位外国政要、前政要出席论坛，数千名政府官员、诺贝尔奖获得者、著名学者、商业领军者、民间组织负责人等各界人士参与论坛，共商应对人类面临挑战的解决方案，引起国际、国内广泛关注，获得高度赞誉。

2014 年，时任联合国秘书长潘基文向论坛发来贺信说：“论坛为我们提供了一个重要的平台，帮助中国主要决策者们协同合作付诸行动。”

2018 年，联合国秘书长安东尼奥·古特雷斯在现场致辞中说："希望与会嘉宾借助生态文明贵阳国际论坛，共同探讨如何大力度应对气候变化，减少城市空气污染，充分把握气候行动机会。"

搭建世界沟通交流的平台

生态文明建设任重道远，并不是一小部分人的事情，而是需要政府、企业、公众等多方面的长期共同努力。

生态文明贵阳国际论坛 2014 年年会的主题是"改革驱动，全球携手，走向生态文明新时代——政府、企业、公众：绿色发展的制度架构和路径选择"。年会上，首次参加论坛的贵安新区发起成立"国家级新区绿色发展联盟"，联盟成员共同签署了《国家级新区绿色发展联盟倡议》。

贵安新区首次参加论坛，并承办了以"塑造区域绿色增长极"为主题的绿色新区创新发展论坛，论坛上贵安新区作为东道主，发起成立"国家级新区绿色发展联盟"，联盟成员共同签署了《国家级新区绿色发展联盟倡议》。

从区域性论坛升格为国家级国际性高端论坛，贵州在中国和全球生态文明建设中，扮演着日趋重要的角色，承担更大的责任与使命。

论坛是桥梁、是纽带、是平台，让贵州与中国、中国与世界共同携手，共建绿色、文明、美丽的家园。

生态兴则文明兴，生态衰则文明衰。生态环境没有替代品，用之不觉，失之难存。生态环境保护是功在当代、利在千秋的事业。

生态文明贵阳国际论坛 2015 年年会主题是"走向生态文明新时代——新议程、新常态、新行动"，年会围绕全球新发展议程下的

2018 年，世界自然保护联盟理事会主席生态文明贵阳国际论坛秘书长章新胜出席生态传媒沙龙。 陈慧 摄

绿色增长与国际合作，凝聚可持续发展和应对气候变化的共识，深入探讨如何改善可持续发展的全球治理体系，提升治理水平，从而促进全球经济发展方式的绿色转型。本次年会首次以论坛名义发布《全球可持续能源竞争力报告》《构建中国绿色金融体系的建议报告》和《国家公园管理标准建议》三份报告。

紧接着，生态文明贵阳国际论坛 2016 年年会主题为“走向生态文明新时代：绿色发展·知行合一”，年会达成共识：在加快建立公平合理、合作共赢的全球气候治理体系，构建有利于绿色、循环、低碳发展的体制机制，推动生态和经济协调发展等方面达成广泛共识，绿色低碳的发展理念再次落地生根。从绿色增长与绿色转型、和谐社会与包容发展、生态安全与环境治理和生态价值、道德和全球治理四大议题进行了内容丰富、卓有成效的探讨。推出一批绿色报告、绿色产品、绿色技术，新签署落地一批绿色合作协议、重大产业项目和研究基地。来自不同国家的先进绿色发展理念、绿色发展模式、绿色发展技术正在贵州、中国和世界各地落地生根、开花结果。

绿水青山就是金山银山。2017 生态文明试验区贵阳国际研讨会成功举行，会议秉持生态文明贵阳国际论坛的理念、风格和模式，以“走向生态文明新时代·共享绿色红利”为主题，坚持“既要论起来，又要干起来”，围绕以建设国家生态文明试验区为重点的前瞻性、战略性、实践性问题，举办了 1 场研讨大会、1 场国际咨询会委员会议、9 场专题研讨会。

生态文明贵阳国际论坛 2018 年年会湿地修复与全球生态安全主题讨论现场。
方春英 摄

会议积极响应“一带一路”国际合作高峰论坛倡议，形成了一系列务实的具体成果，会议前后，同步举行了“贵州生态日”系列活动。

2018年7月7日，生态文明贵阳国际论坛2018年年会正式开幕。国家主席习近平向论坛年会致贺信：建设绿色家园是各国人民的共同梦想，倡导共同建设一个清洁美丽的世界。

本届论坛年会以“走向生态文明新时代：生态优先、绿色发展”为主题，将有助于各方增进共识、深化合作，推进全球生态文明建设。论坛期间，发布了“生态文明评级报告”、中国《自然资源资产负债表编制方案》、“可持续发展目标指数全球报告2017”、“贵州省肿瘤监测研究报告（2016）”等一批具有权威性、科学性、标志性的成果。

向生态文明新时代迈进

生态文明贵阳国际论坛“扎根贵州、着眼全国、面向国际”，已成为全球各界精英人士探讨生态文明战略性、前瞻性问题，分享知识与经验，汇集最佳案例，共商解决方案，促进政策落实的重要平台。

每年论坛均形成了《贵阳共识》，凝聚了各方关于生态文明的最新见解和思想精华，达成了走向生态文明新时代的国际性共识，富有很强的启迪作用。

论坛最重要的成果，就是发出了首倡生态文明的“中国声音”，发出了积极参与生态文明国际交流合作、共同应对气候变化的“中国声音”，发出了务实推进生态文明建设的“中国声音”，有力地凝聚了各方共识和力量，极大地推动了生态文明成为全球话题。

从 2009 年到 2018 年，十年来，中国已成为全球可持续发展进程的重要参与者、贡献者和引领者，提出了生态文明建设的中国表达。

而生态文明贵阳国际论坛将永远坚守初心，继续向生态文明新时代迈进。

虽然生态文明贵阳国际论坛是国家级国际性高端论坛，探讨的是全人类共同关注的话题，但论坛永久在贵州举办，对助推贵州发展具有重要的理论和现实意义。

近年来，贵州的发展理念发生了深刻变化，以建设生态文明先行示范区为引领，倒逼产业转型升级，千方百计做强大数据、大旅游、大生态“三块长板”，经济社会发展取得明显成效，GDP 增速多年位居全国前列，初步探索了中国西部欠发达省份一条经济发展和生态保护双赢的可持续发展新路。

在这个论坛上，贵州第一时间学习了解国内外最先进的生态文明知识、经验和技术，并付之行动，积极创新生态文明建设体制机制，广泛开展生态文明技术合作，从而有效地保护了空气、水源、森林等生态环境，享受着生态文明建设带来的福祉。

在这个论坛上，贵州自觉将生态文明理念融入生产和生活中，将建设生态文明变成自觉行动，将参与生态文明变成共同责任，贵州省人民的生态自信、生态自觉和生态责任得到显著提升，为持续迈向生态文明新时代提供了强大的支撑和不竭的动力。

生态文明贵阳国际论坛作为贵州最为重要的开放平台和窗口，对贵州的对外交流合作和提升国际化水平也发挥了重要作用。

借助这个平台，落地了富士康、吉利等重大项目，有力促进了

生态文明贵阳国际论坛2018年年会“森林城市·绿色共享”主题论坛现场。
方春英 摄

经济发展；

借助这个平台，展示了贵州良好的生态优势以及多姿多彩的民族文化，极大提升了贵州的知名度和美誉度；

借助这个平台，贵州干部职工汲取了精神营养，拓展了视野，增长了见识，能力和素质得以显著提升。

案例二简介：

中德财政合作森林可持续经营实验示范项目，是以近自然森林经营理念为指导，遵循自然规律，模拟自然形态，采取造林、人工促进天然更新、抚育、间伐、林分改造、自然恢复等措施，培育出接近自然又优于自然的森林。同时，不再单一地以生产木材为目标来经营森林，而是永续保证森林的一切功能，让森林产生更大的经济价值。

该项目启动以来，在贵州省开阳、息烽、黔西、大方、金沙和百里杜鹃等6个县（管委会）实施，涉及1511个村、6.02万农户，93.6万亩的林地。项目产生了广泛而有效的示范效应，贵州省65个县（市、区）推广中德项目近自然森林经营理念，实施面积2000多万亩，间伐木材236.6万立方米，带动农户增收 53.83亿元。

同时，该项目在南方林区探索出一套可复制可推广的森林经营管理模式，有力助推了地方经济社会发展。

中德合作贵阳森林体验教育中心项目建设启动仪式。 张艳 摄

构建科学的森林经营管理模式

——中德财政合作贵州省森林可持续经营项目案例

2018年10月22日，中德财政合作贵州省森林可持续经营项目验收仪式在贵州省林业局举行，中德双方专家所组成的“期终评估组”在项目评估报告上签字，标志着项目完成验收、顺利通过。

中德财政合作贵州省森林可持续经营项目（以下简称“项目”）是我国第一个近自然森林可持续经营项目。自2009年项目实施以来，贵州省经过多年的实践和探索，形成了近自然森林经营管理的“贵州模式”。

据悉，中德项目总投资超过8000万元，共实施完成森林经营面积3万余公顷。项目制定出台了《森林可持续经营技术指南》《森林规划设计方案编制指南》《森林可持续经营监测指南》等技术标准和规范，形成了一套适合贵州的完整的技术标准体系，实现了德国技术本土化。

德方首席技术顾问胡伯特·福斯特先生在中德项目期终报告中给出了这样的评价：“中德财政合作贵州省森林可持续经营项目是一个十分成功的森林可持续经营项目，此项目甚至在某些方面超过了设定的森林可持续经营数量与质量目标。如果中国以及各省的森林目标是建设兼具经济与生态效益、充满活力、稳定和生产力高的林分，那么，唯一途径是实施与中德合作贵州省森林可持续经营项目类似的、符合森林可持续经营理念和技术要求的森林经营管理活动。”

“洋理念”缘何花落贵州

贵州是国家生态文明试验区，但典型的喀斯特地貌让贵州生态基础十分脆弱，同时，也是全国贫困人口最多、贫困面积最大、脱贫攻坚任务最重的省份，林业生态扶贫责任重大。坚持发展和生态两条底线，构建科学的森林经营管理模式，关系到贵州省林业改革发展和生态文明建设和脱贫攻坚的根本。

长期以来，贵州省在森林经营管理上存在四个方面突出问题：一是管理方式和手段粗放，盲目造林、盲目采伐，缺少先进适用的管理技术体系；二是森林生产力低下，贵州省森林单位面积蓄积量仅 3.8 立方米 / 亩，为全国平均水平的 70%；三是森林功能单一，中幼林居多，树种单一，生物多样性差；四是森林采伐大都采用“剃光头、拔大毛、开天窗”方式，造成森林覆盖率提高缓慢，森林质量偏低。

为此，贵州引进了中德财政合作森林可持续经营实验示范项目。该项目以近自然森林经营理念为指导，遵循自然规律，模拟自然形态，采取七大措施，培育出接近自然又优于自然的森林。同时，不再单一地以生产木材为目标来经营森林，而是永续保证森林的一切功能，让森林产生更大的经济价值。

2009 年 12 月 1 日，贵州省毕节市大方县启动实施该项目，由凤山林场森林经营单位组建。根据中德财政合作贵州省森林可持续经营项目参与式的方法和步骤，林场人员积极参与项目实施的森林砍伐、间伐、管理培训，为实施中德财政合作森林可持续经营项目打下了坚实的基础。

项目实施后，从2012年开始，当地村民补植补种元丰大坡、郭家湾、毛栗坡、大杉林等地因2008年雪凝灾害造成大面积倒塌的杉苗和香樟树。如今补植补种的树苗长势良好。根据项目要求，组织人员编制森林经营方案，强化营林措施。项目实施以来，凤山乡林场共实施森林经营面积101.3公顷。

贵州省大方县中德合作可持续森林经营项目建设成效显著。　方春英　摄

项目实施时，林区不通公路，砍下的树木积压在山林里影响森林防火安全，容易造成经济损失。针对这一困难，林场全体员工负责调节土地，在羊岩村林场组设计修建林区便道 3180 米，修建贮木场 1 个，极大地方便了采伐树木的运输、存放和加工。

几年内，在林场职工和当地群众的共同努力下，项目建设成效凸显，并为当地部分群众提供了就业条件。一是生态效益明显。通过项目的实施，使项目区森林结构得到改善，间伐森林 966 亩，促进林木生长。据测算，项目区年生长量每亩 1 立方米，林分密度从原来每亩 166 株降到了现在的每亩 100 株，林分密度趋于合理，针阔混交情况得到改善，林木长势和森林的多功能作用明显提高。根据固定样地监测成效初步分析，间伐后的林分平均径生长量可提高 20%，平均蓄积生长量可提高 30%。二是群众经济效益提高。通过实施各类森林经营活动，当地群众从中获取各类劳务收入近 19 万元。三是社会效益整体提升。通过项目的实施，项目区群众对德国近自然林业理念和森林可持续经营措施逐步认可和接受，并培养了许多农民专业技术人才，为项目经验的推广奠定基础。为当地农民提供 2000 多个工作日就业机会，实现项目区剩余劳动力就地转移。

当地林业干部还把实施中德财政合作森林可持续经营项目与国家精准脱贫有机结合起来，助推建档立卡贫困户 3 户 9 人实现脱贫。同时通过林区道路的修建，改善了林区交通条件。项目以参与式建立森林经营单位，编制森林经营方案 1 个，提高群众参与森林经营的积极性，促进群众对项目区可持续经营模式的认可和知晓，为森林可持续经营探索出可复制的经验，得到了当地群众的大力拥护和支持。

近自然森林管理的“贵州模式”

“近自然林业”是对盲目营造人工林反思后的觉悟，它不是回归到天然的森林类型，而是尽可能使林分接近自然生态的自发生产，达到森林生物群落的动态平衡。

“近自然林业”起源于德国，1898 年盖耶尔第一个提出了“接近自然林业”的理论，要求按照森林自然规律来经营森林。

世界上林业经营最成功最先进的国家就是德国和美国。中国是对森林分类管理，公益林注重生态功能，经营林注重经济功能，贵州的公益林大概占 60%。

而德国是不分类的，既注重生态功能，又注重经济功能，仿效自然，两者合而为一。“不像我们一片片砍了又种，德国是天然下种，适应性更强、品种更好的就留下，不适应的就早点砍伐。不是成片的皆伐，而是择伐，得到的是恒续森林植被。材质很好，山毛榉、橡树都是欧洲很高级的木材，经济效益也很好。”贵州省林业局副局长向守都介绍到。

那么，和成片的规模性砍伐相比，这种每年择伐的方式是不是提高了砍伐成本呢？

“砍伐成本虽然高点，但是，减少了人工培育的成本，总体来说成本更低收益更高。”向守都说。走进德国吕贝克湿地公园可以看到，保留的主要是榉树和橡树，一片林子一年可能只采伐一两棵树，但是，都是百年大树，一棵树就有一两个立方米的木材，价值三四千欧元，也就是说折算成人民币每年每亩上万元的回报。而且，大树剩下的枝丫等残次木材还可以以五六百欧元的价格出口中国，

贵州省贵阳市长坡岭国家森林公园。 吴东俊 摄

用来做装修的木线、加工复合板等。

有一段时期，德国援助中国造林，但后来中国在造林方面的投入不断增加，德国方面决定从单纯援助造林方面转向帮助中国发展近自然林业模式。就这样，中德财政合作森林可持续经营项目走进了贵州。

2008 年起，近自然林业模式在贵州开始试点，第二年推广到开阳、黔西、息烽、金沙、大方、百里杜鹃等地。

近 10 年来，各项目县按照项目要求和规范，推广参与式林业，协助项目区林农成立以整村为经营范围的森林经营单位，部分森林经营单位已注册为农民专业合作社。通过培训等方式，林农学习和掌握了近自然林业经营技术。

此前，开阳县统计表明，项目启动至2015年底，中德双方共投入资金500余万元。而回报也是明显的，项目区12个乡镇1.5万农户直接增收770余万元，通过带动运输、加工等间接增收140余万元。

也就是说，折算下来，项目实施期间平均每年每家农户增收万余元。开阳县近自然林业项目累计完成森林经营面积8400余亩，其中间伐1.11万亩，自然恢复近10.5万亩，抚育1万余亩。

经过十年的探索与实践，中德财政合作贵州省森林可持续经营项目得以在贵州生根发芽，找到了自己的发展模式——

科学规划，实现“高效益”。贵州省改变国内以采伐限额管理为主、重在控制资源消耗的采伐管理模式，确立了按森林规划设计方案开展经营活动、重在提高森林质量效益的新模式。经过探索实践，创新推出外业调查法，提高工作效率近10倍，以解决技术人员严重不足的问题。项目共编制完成森林规划设计方案151个，涉及面积93.6万亩，在项目区实现按森林规划设计方案组织开展经营活动，开创了南方集体林区的先河。

立体培训，“土专家”成智库。建立以林农培训为重点的三级培训模式，讲授德国近自然森林经营理念，将标树测量、油锯操作、采伐安全等实用技术作为培训主要内容，突出培训实效性。项目共举办培训班100余期，发放宣传培训资料5万余份，培训人员3.9万人次。

规模管理，“小弱散”变强。项目区每户农户拥有的森林面积小、交叉分散且交通不便，为此，确立以农民自愿参加为前提、以村为单位建立森林经营管理委员会、以民选代表和村领导共同负责的森林经营管理组织模式，出台《参与式林业方法指南》，引导农民组建151个森林经营单位。结合项目对农民的培训，森林经营管理委员会基本具备自主管理、自主施工、自主经营的能力，实现农户抱团发展，让“小”农户与“大”社团联合起来，实现标准化、规模化发展。

可持续经营项目未来可期

“跳蚤会吸小鸟的血，却是蜘蛛的腹中美味，蜘蛛则又逃不过小鸟的火眼金睛。这就是食物链，若是缺了其中一环，食物链无法闭合，森林就会变得不健康。”

2018年10月20日，贵阳市林校一年级的学生们，在长坡岭国家森林公园接受他们的第一堂“森林课”。

森林体验教育中心的讲师杨霞，带着孩子们玩起了“蜘蛛、跳蚤与小鸟”的游戏。两组学生以不同的手势扮演蜘蛛、跳蚤和小鸟，当双方出拳比出相同手势，则相互握手；当双方出拳不一样，一场“天敌”间的追逐便就此展开……

通过在森林中的游戏与讲解，同学们能够更快地亲近自然、了解森林，并在这个过程中懂得如何保护森林、爱护生态。

这一堂别开生面的“森林课”，亦是“中德合作贵阳森林体验教育中心”项目建设启动仪式的开场秀。

近年来，贵州省虽在生态文明建设方面取得了丰硕成果，但在加强森林体验教育、普及生态文化方面仍需努力。

为了更好地帮助和带动人们感受森林、认识森林，了解森林与人类活动的各种关联，贵州省与德国合作建设“中德合作贵阳森林体验教育中心”。森林体验教育中心预计总投资 1858.76 万元，涵盖森林信息中心、探险步道、体验中心和瞭望塔等体验设施。

森林教育中心建成后，将成为全国省会城市第一个引入德国理念建设的森林体验教育中心，亦是中外生态文化交流和中德林业友好合作的又一个重要平台。

中德合作贵阳森林体验教育中心项目建设启动仪式。 张艳 摄

今后，森林体验教育中心将作为贵州省生态文明教育基地，通过开展森林体验教育活动，引导广大市民特别是大、中、小学生认识森林和自然，培育生态文化，促进贵阳市生态文明示范城市建设，助力公平共享创新型中心城市建设。

中德财政合作贵州森林可持续经营项目探索出了一条条林业产业崛起和生态环境保护共赢的道路，为贵州省“大扶贫”“大生态”战略行动作出了积极贡献——

绿色公园。 张驰 摄

显著提升农户收入。项目区6.02万户农户年人均收入从项目实施前的不到3000元增加到8344元。

广泛而有效的示范效应。项目在贵州省65个县（市、区）推广，实施面积2000多万亩，带动农户增收53.83亿元。

助力乡村振兴。项目修建林区道路320余公里，极大改善了林区基础设施建设，林区丰富的森林生态资源，又有力助推了生态旅游和乡村旅游，推动了地方经济社会的发展。

森林覆盖率高效增加。项目的核心理念是尊重自然、顺应自然、保护自然，由此攻克了喀斯特地区造林难、成林难等问题。

生物多样性得到保护。接近自然生态的自发生产，达到了森林生物群落的动态平衡，又人工辅助下使天然物种得到复苏，维护森林生物多样性，多彩贵州更加和谐美丽。

森林生态系统服务功能价值显著提高。项目的实施改善了林分结构，数据显示，成熟林胸径年生长量和立木蓄积平均年生长量分别提高35.29%和33.33%。贵州省生态服务功能价值平均提高了30%，达到每年4200亿元。

纳入国家森林经营管理体系。项目创新出台的《参与式林业方法指南》《森林规划设计方案编制指南》等技术标准和《财务监测指南》《中德项目管理办法》等管理办法，已被国家林业和草原局制定的《森林抚育规程》和编制的《全国森林经营规划（2016－2050年）》所采用。

其他省（直辖市）纷纷学习借鉴。项目在南方林区探索出一套可复制可推广的森林经营管理模式，四川、重庆、甘肃、陕西、安徽、湖北等10多个省（直辖市）到贵州省考察学习中德项目成功经验。

案例三简介：

贵州是我国世界自然遗产数量最多的省份，拥有梵净山、荔波喀斯特、赤水丹霞、施秉喀斯特 4 处世界自然遗产地。

贵州森林覆盖率高达 59.95%，生境类型复杂，生物多样性丰富。动植物种数分别名列全国第 3 位和第 4 位，是野生动物的乐土、野生植物的天然基因库。

大力推进自然保护区建设，自 1978 年建立第一个自然保护区以来，贵州自然保护区建设走过了从无到有、从有到优的历程。截至 2018 年，贵州省已建成各类型自然保护区 106 个。

积极参与全球保护行动，贵州加入“人与生物圈计划”各项行动和项目实践，开启了茂兰保护区 IUCN 湿地项目、梵净山保护区大鲵保护项目、草海保护区黑颈鹤保护项目、雷公山保护区“议榔”文化运用到保护区管理项目等。

贵州省梵净山春色。 李君 摄

中国世界自然遗产最多省份

——贵州自然地保护及生物多样性保护案例

2018 年 7 月 2 日，巴林首都麦纳麦召开的第 42 届世界遗产委员会会议审议了中国申报的自然遗产项目梵净山。委员会一致通过梵净山具备世界遗产的“突出普遍价值”，决定将该项目列入《世界遗产名录》。

梵净山，位于贵州省铜仁市境内，是武陵山脉主峰，最高峰海拔 2570 米，遗产地面积 402.75 平方公里，缓冲区面积 372.39 平方公里。世界自然保护联盟（IUCN）认为：梵净山满足了世界自然遗产第十条（生物多样性）标准，展现和保存了中亚热带孤岛山岳生态系统和显著的生物多样性。

梵净山生态系统保留了大量古老孑遗、珍稀濒危和特有物种，拥有 4394 种植物和 2767 种动物，是东方落叶林生物区域中物种最丰富的热点区域之一；梵净山是黔金丝猴和梵净山冷杉唯一的栖息地和分布地，也是水青冈林在亚洲最重要的保护地，是全球裸子植物最丰富的地区，也是东方落叶林生物区域中苔藓植物最丰富的地区。

随着梵净山的加入，我国共拥有 55 项世界遗产，居世界第一。

而梵净山，也是贵州省继荔波喀斯特、赤水丹霞、施秉喀斯特之后的第 4 处世界自然遗产地。至此，贵州成为我国世界自然遗产数量最多的省份。

2019 年 6 月 8 日，我国第三个文化和自然遗产日主题宣传活动走进铜仁市，旨在向社会各界加强遗产保护的宣传，凝聚各方面力量，推动我国自然文化遗产事业不断发展壮大。

世界遗产是全人类的共同财富，既承载着人类的精神文化价值，又关乎着地球生态安全。自 1985 年加入《保护世界文化和自然遗产公约》以来，我国积极履行公约，采取了一系列措施加快遗产保护事业发展。经过 30 多年的不懈努力，建立了中央、地方和遗产地三级管理机构和队伍，形成了行之有效的规划、建设、管护、监测、执法等综合管理体系。

截至 2020 年 5 月，全国已拥有 55 项世界遗产，其中自然遗产 14 项，自然与文化双遗产 4 项，数量均居世界第一，总面积达 6.8

万平方公里，有效保护了一大批珍贵的独特的自然文化遗产资源，既维护了生物多样性和文化丰富性，又促进了区域经济社会可持续发展和人民群众就业增收，还为全球遗产保护贡献了中国智慧和中国方案，成为我国生态文明理念在全世界推广传播的重要载体。

贵州被誉为“山地公园省”，在这片神奇的土地上，自然生态和文化生态相交辉映。同时，作为国家级生态文明试验区，贵州始终牢牢守好发展和生态两条底线，像爱护自己的眼睛一样爱护生态文明，像保护心脏一样保护自然和文化遗产。

赤水丹霞。绿树、红岩、白瀑交相辉映。王茂祥 摄

保护绿水青山 呵护每一个生命

如果城市钢筋水泥的丛林，看不见鸟儿的踪影；如果农村整齐划一的田野，听不到蟋蟀和青蛙的奏鸣；那该是怎样的一幅图景！

在工业化、城市化的高速推进中，这不是危言耸听，这是许多地方正在发生的现实。

所有鸟类、昆虫、微生物、动植物在内的生物多样性是人类生存发展的基础。贵州的山地和丘陵占到贵州省国土面积的92.5%，处处是青山绿水、处处是美景佳画，“公园省”的美称更是享誉全球。

境内有荔波喀斯特、赤水丹霞、施秉云台山、铜仁梵净山4处世界自然遗产地，是中国拥有世界自然遗产地数量最多的省份；有梵净山、茂兰两个联合国人与生物圈保护区网络成员，有世界著名的黄果树大瀑布，有草海湿地、加榜梯田、百里杜鹃、千户苗寨、万顷茶海等美不胜收的自然景观。

贵州森林覆盖率高达59.95%，生境类型复杂，生物多样性丰富。现已查明有脊椎动物1053种，其中有黔金丝猴、黑叶猴等国家一级重点保护野生动物16种；有野生维管束植物8400多种，其中有梵净山冷杉、珙桐等国家一级保护野生植物18种。动植物种数分别名列全国第3位和第4位，是野生动物的乐土、野生植物的天然基因库。

中国的自然保护区，特别是南方集体林区的自然保护区，保护区内有人居住是最大的特点。贵州生态环境既良好也脆弱，生物多样性丰富，真正要实现自然保护区的可持续发展，实现有效管理，威胁不是来自于生态系统内部，而主要来自于人。

贵州坚持“创新、协调、绿色、开放、共享”的新发展理念，全力推进大生态战略行动，牢牢守好发展和生态两条底线，以绿为本，走出了一条生态环境保护与经济社会发展共赢的新路，成为践行人与自然和谐共生理念的鲜活范例。

——积极培育人与自然和谐共生的发展理念。贵州世代相传的民族文化中就包含着敬畏自然、顺应自然的朴素思想，根植着热爱自然、尊重自然的良好行为习惯，锦屏文书揭示了清水江流域青山常在、绿水长流、产业长兴的贵州生态人文智慧。

——积极探索人与自然和谐共生的生产方式。坚持走生态优先、绿色发展新路，努力实现百姓富、生态美共赢目标。

——积极构建人与自然和谐共生的空间格局。坚持山水林田湖草生命共同体理念，多为生态“留白”，多给自然“种绿”，不断完善主体功能区布局。

——积极健全人与自然和谐共生的制度体系。坚持用最严格的制度、最严密的法治保护生态环境。

人类是自然生态系统中的重要组成部分，人类的生存与发展、人类文明进步都离不开自然的馈赠。

建立保护区，就是要呵护好自然界的每一个生命。

梵净山：人与自然的“大社区”

2018 年，在联合国教科文组织世界遗产大会上，梵净山成为世界自然遗产。

在赞美梵净山的价值与敬仰它的光环的时候，更应该庆幸的是有国家的睿智保护和那一群一直为梵净山保护付出的人们。

1978 年，梵净山国家级自然保护区成立；

1981 年，初步划定了梵净山国家级自然保护区的范围；

1990 年，终于完成了保护区的范围、边界、面积及国有林林权核查；

1991 年，贵州省人民政府委托原铜仁地区行署对梵净山自然保护区的国有林给保护区管理局核发了国有林林权证；

从那时起，梵净山国家级自然保护区才真正算定了边、落了界。

有了根，怎么保护成了关键问题。面对管理问题，梵净山的管理者们自有他们的主意。

他们通过强化制度建设，确保机构规范运行；通过加强队伍建设，提升管理水平；通过科研和监测，支撑起资源管理的合理规划；通过依法行政，确保资源安全；通过加强野外巡护，为资源管理决策提供基础服务；通过协调利益相关者关系，强化资源管理；通过县乡村三级联动，有效扼制森林火灾。

梵净山经过多年的摸索，积累了一定的经验，提出了“大社区”的概念。

随着社区参与式管理在梵净山国家级自然保护区的推行，让群众在保护区建设过程中直接受益，社区群众逐步认识到资源保护是子孙后代生存和发展的根本。保护区在发展生态旅游过程中，优先考虑社区居民就业，服务人员、森林保安、护林员等主要为区内社区群众。帮助社区群众提高生产技能，组织社区群众代表学习竹藤加工、中药材种植、畜牧业养殖技术，让他们对资源有更高效合理的利用。想方设法地支持社区完善基础设施建设，尽量缩小区内外的差距。

同时，梵净山国家级自然保护区还采取了深入学校、旅游景区景点、村寨社区张贴宣传标语、散发宣传资料、实地宣讲，编写有针对性的少年儿童野生动物读物《星达野生动物寻访记》，组织开展了“小小绿卫兵”等活动，调动所有人保护的积极性。

世代生活在保护区的群众，对成功申报世界自然遗产是热切期盼的，一方面是家乡的自豪感，另一方面，也期盼更多的机会。最严格的保护应该是最守规矩的保护，遗产地应该不排斥当地的“原住民”。

人也是生态系统中的一员，人的活动为许多物种创建了栖息地和食源，但是，人类活动一定要有度。

目前，政府为了降低当地社区的人口数，已经采取了生态移民

贵州梵净山国家级自然保护区是黔金丝猴的唯一栖息地。 罗五昌 摄

搬迁等措施，解决了部分社区脱贫和发展生计问题，对于那些仍然在遗产地里生活的人们，政府还将帮助他们掌握更多的生产技能，寻找更宽的生活出路，吸收他们到遗产地保护中来，参与到生态旅游服务中来，共同享受保护红利。

总之，申遗成功，是为了更好地保护，要时刻准备着新的挑战。

茂兰：人与自然的“共发展”

巍峨的峰丛、奔腾的瀑布，30 多万亩的苍翠被铺展开来，茂兰用无处不在的奇峰秀水和郁郁葱葱，颠覆了我们对喀斯特地貌的固有印象。

集世界自然遗产地、世界人与生物圈保护区、国家级自然保护区这三顶桂冠于一身的茂兰，被称为“地球绿宝石”，是地球北纬 25 度地区唯一幸存下来的、面积最大的喀斯特原始森林生态系统。

植被遭到破坏，将彻底加剧水土流失，最终难以恢复。自 1983 年被认定为喀斯特森林开始，茂兰就用它的盎然绿意，让人类看到了沙漠化治理的升级和希望。

为了保护好这片绿色，一代代坚韧的茂兰人，精心守护着这片山林。

在 200 多平方公里的茂兰喀斯特原始森林里，居住着 8770 多人口。千百年来他们与森林相依为命，森林给了他们一切，森林也阻碍了他们与外界的交往。

那时他们很穷！

住着茅草房，主要靠烧炭卖、到矿上打工和砍伐保护区的树木卖到矿上作为坑木，以此来获取收益。

2001年，茂兰保护区管理局努力探求新模式新方法，调动当地社区群众的积极性，使他们能从保护区建设与发展中得到好处，使人与自然和谐发展。

通过到山头地块与群众交谈，手把手地教他们种植、抚育和管理经济林木，讲解林业经济的发展趋势，不仅使群众学会了种植技术，还改变了他们对林业发展的看法。

在乡村发动群众建造沼气池，既减轻了农村烧柴对森林资源的消耗，也改善了乡村的卫生情况，还提高了群众的经济收入。

解决当地群众的生计问题，帮林区农民致富。

时至今日，茂兰生态旅游火了，经济发展日新月异、突飞猛进。当地林区农民逐渐认识到，只有保护好他们的家园，才会有持久的收益，对资源的保护积极性更高。

村民们从砍树人变成了“看”树人。

一发现有毁林、偷猎的，或者有形迹可疑的陌生人进山，会想办法尽快把“情报”传到管理局。村民不仅不砍树了，还主动清理防火带里的杂草。发生山火，保护区管理局的人还没赶到，村民们就先扑上去救火了！

当自然资源的保护与当地经济社会发展紧密联系起来，与老百姓的钱袋子联系起来以后，老百姓反过来就会发现，正是这些自然资源保护下来了，才有了发展的基础。

茂兰保护区开展的IUCN湿地项目，就是通过社区参与的形式，保护弥足珍贵的喀斯特森林湿地，为社区发展解决了传统生产中许多实际问题，引导当地传统文化的传承与发展，为茂兰保护区内的群众带来了新的发展动力。

贵州茂兰国家级自然保护区水上森林。 姚先顿 摄